翟桂荣每日指导

翟桂荣 编著

北京妇产医院主任医师
中华医学会产科专家

0~3岁 宝宝营养餐

U0393286

中国轻工业出版社

图书在版编目（CIP）数据

翟桂荣每日指导·0～3岁宝宝营养餐 / 翟桂荣编著. — 北京：中国轻工业出版社，2016.5

ISBN 978-7-5184-0089-8

Ⅰ. ①翟… Ⅱ. ①翟… Ⅲ. ①婴幼儿－保健－食谱 Ⅳ. ①TS972.162

中国版本图书馆CIP数据核字（2016）第030486号

责任编辑：付　佳　王芙洁　　　责任终审：劳国强　　　封面设计：水长流
策划编辑：付　佳　王芙洁　　　版式设计：水长流　　　责任监印：马金路

出版发行：中国轻工业出版社（北京东长安街6号，邮编：100740）
印　　刷：北京博海升彩色印刷有限公司
经　　销：各地新华书店
版　　次：2016年5月第1版第1次印刷
开　　本：720×1000　1/16　印张：15
字　　数：260千字
书　　号：ISBN 978-7-5184-0089-8　　　　　　　定价：39.80元
邮购电话：010-65241695　传真：65128352
发行电话：010-85119835　85119793　传真：85113293
网　　址：http://www.chlip.com.cn
Email: club@chlip.com.cn
如发现图书残缺请直接与我社邮购联系调换
150515S7X101ZBW

前言

从宝宝出生的那一刻起，这个可爱的小家伙就再也走不出妈妈的视线，他的一举一动时刻牵扯着妈妈的心，这源于妈妈对宝宝深深的爱。而爱是需要表达的，对于幼苗般的宝宝来说，最大的爱就是在给予体贴关爱的同时，给宝宝提供健康成长所需的合理营养。

宝宝的成长只有一次，0~3岁是宝宝人生的初始阶段，也是宝宝一生中成长发育最快的时期，这一阶段的营养根基打得是否牢固，关系到宝宝一生的健康，同时，充足的营养更是宝宝智商正常发育的保证。

相信每个新手妈妈心里都憋着一股劲儿，想要把自己的宝宝养得聪明又健康，但大多数妈妈会因为喂养知识的匮乏而显得手忙脚乱、无从下手。而本书将手把手教各位新妈妈如何科学地喂养自己的小宝宝。

本书按0~1个月、1~3个月、4~6个月、7~9个月、10~12个月、1~2岁、2~3岁分阶段详细介绍了妈妈们会遇到的各种喂养问题，从母乳喂养、人工喂养、混合喂养的方法，再到辅食的添加、制作、喂食，想知道的内容几乎都有。本书还加入了宝宝常见病饮食调理食谱，让宝宝生病时妈妈不慌张。

全书精选了240余道宝宝营养餐，每道营养餐都配以赏心悦目的菜谱图片，并且制作营养餐所用的食材家常，制作方法简单易学，每道营养餐还附有营养功效的解析。

愿本书能帮助万千妈妈喂养出聪明、健康、惹人爱的优秀宝宝！

Contents 录

Chapter **3** 4~6个月 宝宝营养餐

Chapter 4

7~9个月 宝宝营养餐

妈妈须知：宝宝发育特点

7~9个月宝宝辅食喂养

7~9个月宝宝辅食食谱

Chapter 5

10~12个月 宝宝营养餐

Chapter 7

2~3岁 食物多样化

宝宝常见病 饮食调理

附录　0～3岁宝宝营养餐速查表

Chapter 1

0~1个月
新生儿营养餐

新生宝宝吃了睡，睡了吃，看起来非常娇弱，需要爸爸妈妈好好呵护。宝宝能闻得出妈妈的气味，特别爱吃甜味的食物，尤其是妈妈甘甜的乳汁。新生儿期宝宝还不能吃辅食，最好的食物就是母乳，妈妈要保证充足的乳汁！乳汁不足的话，可以给宝宝喂适量配方奶。

宝宝发育特点

　　刚出生的宝宝是只丑小鸭，满一个月时就变成漂亮的小天鹅了，胖嘟嘟、粉嫩嫩的惹人爱。新生儿期宝宝的视觉发育还不成熟，但味觉、嗅觉已经很灵敏了。

0~1个月宝宝身体发育

- **身高**

  正常足月的新生儿，生下时身长平均约为50.0厘米，男宝宝和女宝宝无明显差别。满月时男宝宝身长平均约54.8厘米，女宝宝身长平均约53.7厘米。

- **体重**

  正常足月儿的出生体重平均为3千克，出生后一周内会出现生理性体重下降，比出生体重减少10%左右，7~10天恢复。满月时男宝宝体重平均约4.5千克，女宝宝体重平均约4.2千克。

- **头围**

  满月时平均增加2.3厘米，此时可达36~37厘米。满月时男宝宝头围平均约36.9厘米，女宝宝头围平均约36.2厘米。

- **囟门**

  前囟平软，斜径约为2.5厘米，如果出生摸不到或有凹陷、饱满为异常。满1个月时前囟仍未闭合，部分宝宝后囟闭合。

- **其他**

  初生宝宝每天约需睡眠20小时以上，满1个月时每天要睡18~20个小时。初生宝宝头大身体小，模样不好看；满1个月时宝宝皮肤变得细腻白嫩、越来越好看。

专家指导 初生宝宝呼吸快，有时节律不规则。正常新生儿安静状态下呼吸为40次/分钟。随着月龄的增加，宝宝的呼吸频率逐渐减慢，1岁以下宝宝呼吸频率约为30次/分钟。

0~1个月宝宝智能发育

● **视觉**

宝宝刚出生时，能清楚看到20厘米左右距离内的物品；满月时，能看到50厘米内的物品，目光能短暂追视眼前物品。喜欢追随人脸看，尤其是母亲的笑脸、差别鲜明的影像、强烈对比的颜色、简单的线条图如红球、黑白分明的靶心图和条形图等。目光漂移，偶尔出现内斜视。

● **听觉**

已有声音的定向力。喜欢听妈妈的心跳声及听高调的声音，更喜欢听妈妈的声音。听到悦耳的声音可停止啼哭，而噪声易使其受到惊吓、呼吸频率改变、哭闹，并转向与发声源相反的方向。能辨认一些声音，将头转向熟悉的声音。

● **动作**

新生儿手有反射性握持功能，大部分时间手呈握拳状，拇指可在拳内(内收)或拳外。有时将手放进嘴里，不能准确控制双手。满月宝宝俯卧时头可稍微抬起1~2秒，仰卧时头总是转向一侧。

● **嗅觉和味觉**

能辨认母亲乳汁的气味，对刺激性气味表示厌恶。知道酸、甜、苦、咸等味道，尝到酸、苦等味道有不愉快的表情。新生儿天生喜欢甜味。

● **语言与社交**

会用哭声表示需求，发出细小的喉音。除因尿湿、饥饿、不适等哭闹外，也会因希望被陪伴和关注而啼哭。

新生儿母乳喂养

　　妈妈的乳汁能为新生儿提供生长发育所需的一切营养，而且母乳成分会随着宝宝的需要不断发生改变，是宝宝最好的食物。新妈妈要尽量母乳喂养。

母乳所含的营养

　　通过下面表格中每100毫升的母乳和牛奶中所含各种营养成分的对比，可以比较直观地了解母乳的营养价值：

成分	人成熟乳	鲜牛乳	成分	人成熟乳	鲜牛乳
水（克）	87.6	89.9	β-胡萝卜素（微克）	0	19.0
热量（千焦）	272.0	226.0	维生素D脂溶性（微克）	0.01	0.03
蛋白质（克）	1.3	3.0	水溶性（微克）	0.80	0.15
酪蛋白：乳清蛋白	1：1.5	1：0.2	维生素C（毫克）	5.0	1.0
脂肪（克）	3.4	3.2	维生素B_1（毫克）	0.01	0.03
乳糖（克）	7.4	3.4	维生素B_2（毫克）	0.05	0.14
钙（毫克）	30.0	104.0	维生素B_{12}（微克）	0.01	0.31
铁（毫克）	0.1	0.3	烟酸（毫克）	0.20	0.10
铜（毫克）	0.03	0.02	叶酸（微克）	5.2	5.2
锌（毫克）	0.28	0.42	肾溶质负荷（毫渗分子/100千卡）	12	40~50
视黄醇（微克）	11.0	24.0			

　　注：此表摘自王如文主编的《母乳喂养与宝宝健康》

专家指导　母乳喂养可加快妈妈产后康复，还可减少子宫出血、子宫及卵巢恶性肿瘤的发生概率。母乳喂养的时间越长，妈妈患心脏病、脑卒中等疾病的风险也越低。

母乳最适合新生儿

母乳蛋白质中，乳蛋白和酪蛋白的比例最适合新生儿和早产儿的需要，可保证氨基酸完全代谢，不至于积累过多的苯丙氨酸和酪氨酸。

- **促进智力发育**

母乳中半光氨酸和牛磺酸的成分较高，有利于新生儿的生长，促进智力发育。

- **宝宝不易过敏**

母乳为新生儿的理想食品，不易引起新生儿过敏。而牛乳中含有的异性蛋白易引发变态反应，造成肠道少量出血或湿疹。

- **防病抗病**

母乳中含有大量的免疫物质，能增强新生儿抗病能力。初乳和过渡乳中含有丰富的免疫球蛋白，能增强新生儿呼吸道抵抗力。

母乳中不饱和脂肪酸含量较高，且易吸收，钙磷比例适宜，糖类以乳糖为主，有利于钙质吸收，而且总渗透压不高，不易引起坏死性结肠炎。

有研究表明，吃母乳的新生儿，成年以后患心血管疾病、糖尿病、湿疹和哮喘的概率要比不吃母乳者少得多。

- **其他益处**

母乳喂养在方法上简洁、方便、及时，奶水温度适宜，减少了细菌感染的可能性。而且吸吮速度及吸吮量又可随新生儿的需要增减。母乳喂养还可以增强母婴感情，使新生儿得到更多的母爱，增加安全感，有利于成年后建立良好的母子关系，也有利于新生儿以后情商的发展。

初乳营养好，别浪费

初乳一般颜色偏黄，而且不够浓稠，很多没有经验的新妈妈嫌初乳"脏"，直接挤掉不给宝宝吃，这种观点是极其错误的。事实上，初乳不仅不脏，还是最富营养的乳，不仅能为宝宝补充营养，而且可以增强宝宝的免疫力。

- **何谓初乳**

初乳是产后5天内分泌的乳汁，而在分娩后的1～2天内，初乳的成分接近于母亲的血浆，产后6～10天内的乳汁称为过渡乳，之后分泌的乳汁称为成熟乳。一般我们所说的人乳是指成熟乳。

- **获得较多初乳的方法**

1. 准妈妈在妊娠中晚期时，可用抚摸乳头、轻轻揉捏等方式刺激乳头，有利于产后泌乳，顺利分泌初乳。

2. 新妈妈产后应与婴儿尽早接触，产后半小时后可以让婴儿吸吮双侧乳头各3～5分钟，有利于初乳的分泌。

3. 即使初乳的量不多，勤让婴儿吸吮乳头，也有助于新妈妈分泌更多的初乳。

- **初乳吃得越早越好**

初乳含有大量的抗体，能保护婴儿免受病菌的侵害，减少新生儿疾病的发生，相当于疫苗的作用。由于新生儿的免疫系统还不成熟（新生儿的免疫系统在出生5个月之后开始形成），自身免疫能力低下，最初只能靠初乳来获得免疫功能。所以初乳被人们称为"第一次免疫"，能增强宝宝的免疫力，越早吃到初乳，宝宝的免疫屏障就越早建立。

初乳中的优势营养

营养成分	作用
乳铁蛋白	可促进血红蛋白的合成，能有效预防婴儿贫血的发生
免疫活性细胞	保护新生儿并不成熟的免疫系统
溶菌酶	在抗菌、避免病毒感染以及维持肠道内菌群平衡等方面发挥着重要的作用
双歧增殖因子	调节宝宝肠道功能，促进营养素更好吸收

如何判断母乳足不足

在母乳喂养时，要正确判断乳量是否充足十分重要。因为宝宝吃得饱，才能身体棒、长得快。

● **判定母乳充足与否的金标准**

一般哺乳妈妈每天会分泌850～1000毫升的乳汁，这样的奶量足以满足宝宝的生长发育需要，但由于不能具体量出乳汁量，所以最关键的指标是看宝宝体重的增长情况。当宝宝满月时，体重至少比出生时增长600克左右，这说明奶水是够的。

● **判断母乳不足的其他表象**

1. 正常情况下，宝宝每天的小便在6次以上，每日大便2～4次。如果奶量不够，尿量不多，大便也少，大便是稀糊状的，带有绿色泡沫。

2. 宝宝每吸吮2～3次就能听到其咽下一大口乳汁，如果宝宝光吸吮，咽得很少或者不咽，说明奶量不足。

3. 宝宝吃完奶后常哭闹不止，或者咬着奶头不放，难入睡或入睡不踏实，都说明奶量可能不足。

4. 到了该喂奶的时间，妈妈的乳房不感觉胀满，或者乳汁如水般往外喷的情形不多。

● **越吸吮奶水越多**

宝宝频繁有效吸吮妈妈乳房的次数越多，妈妈大脑会接受相应信号，使脑垂体后叶释放催乳素，以增加乳汁的分泌。所以要想获得充足的乳汁，一定要让宝宝频繁有效地吸吮乳房。

所谓的有效吸吮，是让宝宝含乳头至乳晕处，因为乳汁是储存于乳晕的乳窦里，只有含到乳晕才能吃到乳汁。如果只是含着乳头，宝宝不但吸不出乳汁，还容易造成妈妈乳头皲裂、破溃。

哺乳妈妈应保持心情舒畅，因为生气或伤心哭泣等，会使母乳明显减少甚至停止泌乳。

早产儿怎样母乳喂养

早产儿是指孕期不足37周的新生儿。一般早产儿的体质较弱，身体各方面发育均未成熟，更需要补充足量的营养，母乳是早产儿获得营养的最佳来源。

● **有吸吮能力的早产儿喂养**

有吸吮能力的早产儿，应尽早让其吸吮妈妈的乳头，但一定要注意，喂奶时要帮助早产儿含吸住的乳头及大部分乳晕，这样能强烈刺激泌乳反射，使早产儿能够较容易地吃到乳汁。此外，早产儿小，身体较软，喂奶时妈妈应用胳膊托住其全身，用一只手的手掌支撑其头部，用另一只手托住乳房，这样更有利于让早产儿有效地含好乳头吃到乳汁。

● **无吸吮能力或吸吮能力差的早产儿喂养**

无吸吮能力或吸吮能力差的早产儿，应当把奶水挤出来，然后用滴管或小匙从早产儿的嘴边慢慢地喂入，滴管应到专门售卖医疗器械的商店购买，小匙以边缘钝的不锈钢匙或瓷匙为好。

因为缺少宝宝吸吮乳头，哺乳妈妈需要购买吸奶器，通过吸奶器来刺激泌乳，模拟宝宝吃奶的模式，这样有助于促进乳汁的规律分泌。用吸奶器至少每2小时吸一次，每次至少两侧吸30分钟（每侧吸15分钟）。如果宝宝住院，妈妈已经出院，母子分离时最好把挤出的母乳让家人尽快送去给宝宝喝。宝宝吃不了的母乳，可以放进冰箱的冷冻室里，能至少保存3个月。

早产儿喂乳量

出生体重（克）	1000	1000 ~ 1499	1500 ~ 1999	2000 ~ 2499
开始量（毫升）	1 ~ 2	3 ~ 4	5 ~ 10	10 ~ 15
每天隔次增加量（毫升）	1	2	5 ~ 10	10 ~ 15
母乳间隔时间（小时）	1	2	2 ~ 3	3

注：此表摘自张家骧等主编的《新生儿急救学》

专家指导 正常情况下，宝宝3个月前应按需喂养。但早产儿反应弱，多数是饿了也不哭，要定时给其喂奶，一般1.5 ~ 2小时喂一次。早产儿胃容量小，消化能力弱，一次喂奶量不能多。

剖宫产妈妈的母乳喂养

剖宫产妈妈对于母乳喂养一直存在种种疑虑，如什么时候能给宝宝喂奶，喂奶又担心手术时打的麻醉药物会影响宝宝，又怕喂奶时会让伤口撕裂，等等。剖宫产妈妈应摒弃这些不科学的认知，尽早让宝宝吃到母乳。

● **母乳中不会残留麻醉药**

现在实施剖宫产通常采用硬膜外麻醉，即腹腔麻醉，并且采取的都是局麻和强化的联合麻醉，药性不会影响胸部，而麻醉药的剂量也不会对乳汁造成影响。等术后产妇清醒和肢体能够活动时，麻醉药也已经代谢得差不多了，这时候给宝宝喂奶没有任何问题。另外，产后为了消炎或预防感染进行的输液，选用的是对乳汁没有影响的药物，不会影响乳汁的分泌和成分。

● **喂奶时最好侧卧**

剖宫产术后的妈妈最好采用侧卧式哺乳，这个姿势不仅妈妈会感觉舒适方便，而且能使宝宝有效吸吮到乳汁。侧卧式即在妈妈身后放上叠好的棉被作支撑，然后在头和肩膀下面垫个松软的枕头，在弯曲的双膝之间再夹一个枕头，让后背和臀部呈一条直线，再让宝宝面朝妈妈，妈妈用下面的胳膊搂住宝宝的头，用上面的胳膊扶住宝宝，用叠起来的棉被将宝宝头部垫高，以方便宝宝吸乳。

● **应用镇痛泵，哺乳更轻松**

剖宫产后的伤口疼痛，容易使新妈妈丧失或放弃母乳喂养的信心。剖宫产术后应用镇痛泵，可使产妇疼痛明显减轻，有利于及早地开始母乳喂养。早吸吮建立起较强的吸吮反射，能促进催乳素的分泌，促进乳汁及早分泌，并且泌乳量也多。研究表明，剖宫产术后使用镇痛泵，对产妇和新生儿没有不良影响，乳汁中检测不到药物成分，安全可行。

镇痛泵中是麻醉师配好的镇痛药物，当感觉疼痛时，可自己按动止痛泵的按钮，镇痛药就会通过导管慢慢输入体内，其量小且输入均匀，能使药物在体内保持稳定的血药浓度，镇痛效果好，作用时间可达72小时。

母乳喂养的正确姿势

新妈妈在给宝宝喂奶时，一定要采取正确的姿势，这样既能让自己和宝宝都感到舒适、轻松，又能防止宝宝吐奶及一些意外情况的发生。

* **侧躺抱法**

姿势提醒：

让宝宝躺在妈妈的身体一侧，妈妈用前臂支撑宝宝的背部，宝宝的颈和头枕在妈妈的手上。

优点：

易于观察宝宝是否已含牢乳头。

适合情形：

刚做完剖宫产的妈妈；乳房较大的妈妈。

* **斜倚抱法**

姿势提醒：

妈妈以舒适的姿势斜倚床上，背部及腿部垫枕头，使宝宝的头部躺在妈妈的手臂上。

优点：

有助于宝宝较好的含接乳头。

适合情形：

刚分娩不久坐起来有困难的妈妈；刚出生不久的宝宝。

- 摇篮抱法

姿势提醒：

妈妈用手臂的肘关节内侧支撑住宝宝的头，使宝宝的腹部紧贴住妈妈，妈妈用另一只手托住乳房。

优点：

是最简便易学的喂奶姿势。

适合情形：

是多数妈妈最常用的姿势。

- 橄榄球抱法

姿势提醒：

将宝宝抱在身体一侧，妈妈胳膊肘弯曲、手掌伸开，托住宝宝的头，让宝宝面对乳房，后背靠着妈妈的前臂，然后在宝宝头部下面垫上一个枕头，让宝宝的嘴能接触到妈妈的乳头。

优点：

有利于妈妈观察宝宝，随时调整宝宝的位置。

适合情形：

适合吃奶有困难的宝宝。

专家指导　给宝宝喂奶时要注意"三贴"：妈妈与宝宝要胸贴胸，腹贴腹，宝宝下巴贴紧乳房。另外，不论采用那种喂奶姿势，都应该全身放松，避免肌肉紧张，如坐位时腰后放靠垫、脚蹬凳，均能防止肌肉紧张。

母乳喂养的正确步骤和含接姿势

与母乳喂养时的姿势一样，母乳喂养的步骤和含接姿势同样是成功喂哺母乳的关键。

● **母乳喂养的正确步骤**

步骤一

妈妈用乳头刺激宝宝的嘴唇。

步骤二

宝宝产生觅食反射，立刻张开小嘴寻找妈妈的乳头。

步骤三

在宝宝张嘴的瞬间，妈妈将乳头及大部分乳晕送入宝宝口中。等宝宝开始用力吮吸后，将宝宝的小嘴轻轻往外拉5毫米，将乳腺管拉直，有助于顺利哺乳。

- **婴儿含接乳头的姿势**

正确的含接姿势：

宝宝的面颊鼓起；下唇外翻；下颌贴近妈妈的乳房；妈妈的乳头及大部分乳晕含在宝宝口中。

错误的含接姿势：

宝宝仰面朝天，头扭曲；下颌离开妈妈的乳房，只含住妈妈的乳头，大部分乳晕都露在外面。这样哺乳会使妈妈乳头疼痛、皲裂。

 √

 ×

新生儿的喂奶量及喂奶时间

新生儿每千克体重每天需要乳量为120～180毫升。即一个体重为3千克的新生儿每天需要360～540毫升的乳量。这只是一个参考值，不同的宝宝食量也各不相同。

新生儿不宜采取定时喂奶的做法，应当按新生儿的需要来喂，只要新生儿饥饿或妈妈感到乳房中有乳汁就可以进行哺喂，**即按需哺喂**。一般来说，多数的新生宝宝需要每2～2.5小时喂1次奶，24小时喂奶10～12次，每次喂奶20～30分钟。

新生儿喂奶时间的大致安排

宝宝周龄	喂奶时间安排					
出生第1周	02：00	04：00	06：00	08：00	10：00	12：00
	14：00	16：00	18：00	20：00	22：00	24：00
出生第2周	03：00	05：00	07：00	09：00	11：00	13：00
	15：00	17：00	19：00	21：00	23：00	
出生第3、4周	04：00	06：30	08：30	10：30	12：30	15：00
	17：00	19：00	2l：00	23：30		

注：表格中的时间安排只供参考，妈妈要根据实际情况找到适合自己和宝宝的喂奶时间。

新生儿人工喂养

用牛奶或婴儿配方奶代替母乳来喂养宝宝就属于人工喂养。人工喂养通常是在万不得已的情况才会采用，比如母乳分泌严重不足、乳母有传染病或严重疾病，以及乳母因工作或其他原因无法坚持母乳喂养等。

人工喂养的优缺点

● **人工喂养的优点**

1. 妈妈可以摆脱哺乳的约束，喂养宝宝的工作可以由更多的人来分担，比如让爸爸、爷爷奶奶、外公外婆等都来参与，增加其他亲人和宝宝亲密接触的机会。

2. 便于掌握喂奶的量，每次宝宝吃了多少毫升的奶是非常清楚的。

3. 在任何时间、任何地点都可以给宝宝喂奶。

● **人工喂养的缺点**

1. 奶粉、牛奶中缺少一些母乳中富含的营养物质，营养不够均衡。

2. 没有母乳喂养经济，成本高。好的奶粉多为进口，价格昂贵，每月会增加家庭开支。

3. 奶粉没有母乳中所含的抗体，人工喂养的宝宝容易得病，抵抗力没有吃母乳的宝宝强。

4. 给宝宝喂奶前需要冲调奶粉或热奶，有时温度过低需要加温，温度过高需要降温，比较费时费事。

5. 人工喂养缺乏母乳喂养时宝宝与母亲肌肤相触、目光相对、声音体味相闻，容易缺少感情交流。

6. 使用的奶瓶、奶嘴容易遭外界污染，容易引起宝宝肠道感染。

哪些妈妈必须采取人工喂养

不是所有的情况都提倡母乳喂养，除了严重乳汁不足、母亲体弱等因素，当哺乳妈妈患有严重疾病时，就不宜母乳喂养，必须人工喂养宝宝，以免危害宝宝的健康。

1.妈妈患有慢性消耗性疾病，如慢性肾炎、恶性肿瘤或心功能不全等。

2.妈妈患有结核病等活动性传染病。

3.妈妈患有精神病、癫痫等。

4.妈妈乳房有单纯性疱疹病毒感染的（另一侧无感染的乳房可继续母乳喂养）。

5.妈妈为梅毒螺旋体、巨细胞病毒、HIV人类免疫缺陷病毒感染者或携带者。

6.曾曝露于放射性物质下的妈妈。

人工喂养应掌握的要点

家人在人工喂养宝宝的过程中一定要掌握一些要点，这样才有助于人工喂养的成功进行。

● **注意补充鱼肝油**

现在的配方奶粉多是模拟母乳，在成分上也类似母乳。虽然奶粉中添加了维生素D，但新生宝宝外出接受阳光的机会有限，还需要额外补充维生素D。鱼肝油富含维生素D，能促进宝宝更好地吸收钙质，预防小儿佝偻病的发生。宝宝出生2周后就应该补充维生素D了。如果人工喂养的宝宝每日奶粉添加量达到600毫升，即可不用再补充外源性维生素D了。

从母乳改喂配方奶，有些宝宝会不习惯配方奶的味道，妈妈要循序渐进地添加配方奶，可以先减少母乳、增加配方奶，或者将母乳和配方奶调一起喂宝宝，便于宝宝逐渐习惯和接受配方奶。

● **不宜频繁更换奶粉**

新生儿不适合频繁更换奶粉。因为不同品牌的配方奶其成分、口感不完全一致，换了另外一种品牌的奶粉，宝宝又要去重新适应与消化，很容易引起呕吐、腹泻、便秘，经常这样会影响宝宝的肠胃健康。选好一种婴儿配方奶粉后，只要宝宝吃后不反复便秘、频繁出湿疹、经常腹泻、大便有不消化的奶瓣，这种奶粉就是适合宝宝的，可以继续吃下去。

● **配方奶储存方法要得当**

宝宝每次喝剩的配方奶应倒掉，不宜放进冰箱冷藏留到下次喂奶时继续给宝宝喝；袋装配方奶粉每次使用后要扎紧袋口，常温避光保存；罐装奶粉每次开罐使用后务必将罐子密封，放在阴凉、干燥的地方，并在1个月内食用完。

选购配方奶粉的技巧

配方奶粉不但强化了钙、铁和维生素D等营养物质，而且口感较好，其成分更接近母乳，能促进婴儿正常生长发育，可以说是人工喂养宝宝的最好选择。面对琳琅满目的配方奶粉，有的新手妈妈显得不知所措。以下内容可以帮助新妈妈精明选择配方奶粉。

- 看颜色

  优质的配方奶粉应是白色略带淡黄色，色深或带有焦黄色的配方奶粉为次品。

- 凭手感

  优质的配方奶粉用手捏，会感觉奶粉颗粒松散柔软，不结块。挑选罐装奶粉时，将罐体倒置，质量好的奶粉罐底不粘有奶粉；挑选袋装奶粉时，隔着袋子捏奶粉，质量好的奶粉柔软松散，会发出轻微的沙沙声。

- 闻气味

  质量好的配方奶粉带有淡淡的乳香味；质量差的配方奶粉会有腥味、霉味、酸味。

- 观察冲调性

  质量好的配方奶粉冲调后奶香味浓，奶汁呈乳白色，没有结块；质量差的配方奶粉没有奶香味，冲调后有结块，不易冲调。

- 看产品标识

  配方奶粉的外包装上须标有生产日期、保质期、净含量、配料表、营养成分表、食用方法、适用对象、厂名、厂址、出产地、执行标准、商标等。另外，最好选择规模大的企业生产的配方奶粉，其产品质量更有保障。

配方奶中必不可少的营养成分

营养成分	功效
α-乳清蛋白	能提供最接近母乳的氨基酸组合，有效减轻宝宝的肾脏负担
益生元	能促进宝宝对钙、镁、铁等矿物质的吸收，还能促进肠蠕动，防治便秘
DHA	可促进宝宝大脑和视网膜的发育
核苷酸	能使宝宝茁壮成长，提高宝宝抵抗力
铁、锌	增强宝宝的记忆力、学习能力
亚油酸、亚麻酸	合成DHA，促进宝宝大脑发育

帮宝宝选个合适的奶瓶

因为奶瓶与宝宝直接接触，爸爸妈妈应在选择上下一番功夫。

- 关于奶瓶你需要知道的

常见的奶瓶容量

规格	容量	适合月龄
小规格	120毫升	0~1个月的新生儿
中等规格	160毫升、200毫升	1~3个月的宝宝
大规格	240毫升	3个月以上的宝宝

不同阶段宝宝适合的奶瓶类型

奶瓶类型	适合月龄
圆形奶瓶	0~3个月的宝宝
环形瓶、弧形瓶	大于4个月的宝宝
带把柄瓶	1岁左右的宝宝

奶嘴的选择

奶嘴大小	适合月龄
小号（S）	新生儿或体重轻的小宝宝
中号（M）	2~6个月的宝宝
大号（L）	6个月以上的宝宝

奶瓶材质大PK

奶瓶材质	强度	易清洁	耐热	抗磨损	透明度
玻璃奶瓶		√	√	√	√
PES塑料奶瓶	√	√	√	√	
PP塑料奶瓶	√				
PC塑料奶瓶	√		√		

正确冲调配方奶

对于人工喂养的宝宝来说，每天冲调配方奶是不能省略的环节。看护者一定要掌握冲调配方奶的方法和技巧。

● **配方奶的正确冲调方法**

将双手清洗干净，根据产品说明按比例往奶瓶中倒入准确的水量，水温以40~60℃为宜。再用购买奶粉时附带的量勺舀取奶粉，用刮平工具把勺上的奶粉刮平，放入奶瓶中，左右轻轻摇晃奶瓶，以促进奶粉溶解，直至配方奶粉彻底溶解，最后在手腕内侧滴几滴奶汁，感觉温热即可。

● **冲调配方奶的注意事项**

1. 确保每次冲调配方奶所使用的奶瓶、奶嘴、瓶盖、密封圈、奶粉量勺、刮平工具都是消过毒的。

2. 冲调配方奶前要阅读奶粉外包装上的说明，不要自行添加或减少奶粉或冲泡的水量。多添加奶粉，会增加配方奶的浓度，增加宝宝的肠道负担，导致消化功能紊乱，引起腹泻或者便秘；多加水，会使配方奶太稀，宝宝容易饿，而且不爱长体重。

3. 用奶粉量勺舀取奶粉后，不要将勺中的奶粉压实，不然冲调出的配方奶会太浓。

4. 冲调奶粉时，一定要先往奶瓶中倒水然后再放奶粉，这样有利于奶粉均匀溶解，不容易结块，冲调的浓度也适宜。

5.不要用开水冲调配方奶，否则会破坏奶粉中的维生素、益生菌，使营养价值降低，还会使奶粉无法充分溶解而结块。

6. 宝宝每次喝剩的配方奶应倒掉，不要留到下次喂奶时继续给宝宝喝。切记，每次喂奶时都要给宝宝喝新鲜冲调的配方奶。

7. 2/3的凉白开加上1/3的开水，这样调出的水温一般在40~55℃，用这样的水冲调的配方奶宝宝马上就能喝了。

8. 已经冲调好的配方奶不能再次煮沸，否则会降低其营养价值。

专家指导 一般完全人工喂养的新生儿，每天应喂6~7次配方奶，2周以内每次喂50~100毫升，2周后每次喂70~120毫升。

新生儿混合喂养

在母乳不足、新生宝宝吃不饱的情况下，用配方奶来补充喂养宝宝，这种既喂母乳又喂配方奶的方式，就是混合喂养。对新妈妈来说，成功实现混合喂养是个不小的挑战。

混合喂养的优缺点

● 优点

1. 在妈妈乳汁总量不足的情况下，保证宝宝摄入足够的奶量。

2. 宝宝能得到足够的母乳营养，获得不错的免疫力，不影响正常的生长发育，妈妈能与宝宝建立良好的亲子感情。

3. 能使妈妈的乳房按时接受宝宝吸吮的刺激，维持一定的乳汁分泌量。

4. 妈妈可以通过奶瓶喂养宝宝而获得一定的自由时间。

● 缺点

1. 容易因过早地添加配方奶，最终导致母乳喂养失败。

2. 在混合喂养的某个阶段，有的宝宝会出现乳头混淆，容易拒绝吃母乳或者拒绝吃奶瓶。

3. 不容易掌握喂奶量：母乳缺多少、每次配方奶喂多少等，这些都不好掌握。

新生儿混合喂养的正确方法

混合喂养可以细分为两种方法：**补授法和代授法**。如果母乳确实不能满足宝宝的需要，不足的部分可先用补授法进行混合喂养；当补授法也不能坚持时，再采用代授法。补授法是每次喂完母乳后，如果宝宝没吃饱，不够的量通过补喂配方奶完成；代授法是用配方奶完全代替一次或几次母乳哺喂，但总次数以不超过每天哺乳次数的一半为宜。

推荐方法：补授优先

即宝宝饿了先喂母乳，等宝宝吸吮完两侧乳房后，如果宝宝因没吃饱而哭闹，就给宝宝补充配方奶，宝宝能吃多少就喂多少；吃完奶不到1个小时，宝宝哭闹或醒来要奶吃，妈妈应先看看自己有没有母乳，如果没有母乳，就给宝宝喂配方奶，宝宝能吃多少喂多少；吃完奶超过1小时，宝宝要奶吃，就喂母乳，喂母乳后如果宝宝哭闹，没有吃饱，就给宝宝补充些配方奶，还是宝宝能吃多少就喂多少。

新生儿混合喂养的喂奶次数

母乳喂奶的时间间隔比较灵活，可1~3小时喂一次；配方奶的喂奶间隔要相对严格一些，最好3~4小时喂一次。即如果上一次喂的是母乳，下次喂奶时间可不限制，妈妈感觉奶涨了就喂，宝宝饿了就喂；如果上一次喂的是配方奶，下次喂配方奶最好是3小时后。

新生儿混合喂养的常见问题

Q 宝宝吃空母乳后喂多少配方奶合适？

A 混合喂养添加配方奶的原则是先从少量开始，如一次可以喂30毫升，如果宝宝吃完不睡觉或不到1小时就醒，哭闹，甚至张开小嘴找乳头，说明宝宝没有吃饱，可适当增加给奶量，比如一次50~60毫升，以此类推，直到宝宝吃奶后不哭闹或持续睡眠1小时以上。

Q 白天妈妈亲自喂母乳，晚上由家人喂配方奶好吗？

A 不建议采取这种喂养方式，夜间新妈妈比较累，尤其是后半夜，起床给新生宝宝冲奶粉很麻烦，最适合用母乳喂养。另外，夜间妈妈休息时，乳汁分泌量相对增多，如果晚上没有宝宝吸吮的刺激，妈妈的乳房就会停止夜间泌乳，这样做不利于妈妈乳汁的分泌。

Chapter **2**

1~3个月
宝宝营养餐

从满月起，宝宝进入一个快速生长的时期，对各种营养的需求迅速增加。这个阶段继续提倡
母乳喂养，如果母乳量充足，仍然不必添加配方奶。

宝宝发育特点

宝宝已经度过了新生儿期，进入了婴儿期，这个阶段是宝宝出生后生长发育非常迅速的时期。

1~3个月宝宝身体发育

- 身高

    2个月的男宝宝身高54.4~62.4厘米，女宝宝身高53.0~61.1厘米；3个月的男宝宝身高59.7~68.0厘米，女宝宝身高57.8~66.4厘米。

- 体重

    2个月的男宝宝体重4.3~7.1千克，女宝宝体重3.9~6.6千克；3个月的男宝宝体重5.0~8.0千克，女宝宝体重4.5~7.5千克。

- 头围

    2个月的男宝宝头围36.8~41.5厘米，女宝宝头围35.8~39.5厘米；3个月的男宝宝头围38.1~42.9厘米，女宝宝头围37.1~42.0厘米。

- 囟门

    这个阶段宝宝的前囟门大小与新生儿期没有太大区别，对边连线是1.5~2厘米。如果不大于3厘米、不小于1厘米都是正常的。头的后部正中的后囟门呈三角形，一般在出生后2~3个月闭合。

- 其他

    这个阶段宝宝还未开始长牙，每天的睡眠时间为16~18小时，白天要睡4~5次，每次能睡1.5~2小时。宝宝的小脸光滑了，皮肤也白嫩了，胳膊和腿变得圆润，手指多数时间能保持张开状态。

 专家指导 这一时期宝宝对环境温度的要求比较严格，室温不宜忽冷忽热，夏季宜保持在24~26℃，冬季宜保持在21℃左右，春秋两季保持自然温度即可。

1~3个月宝宝智能发育

- **视觉**

　2个月的宝宝能看见活动的物体，物体靠近眼前时会眨眼睛，双眼能协调一致了，而且有聚焦的能力；3个月的宝宝喜欢看自己的小手，目光能跟随颜色鲜明的物体移动，最远视距可达4~7米。

- **听觉**

　2个月的宝宝不喜欢太大的声音，这会让他们感到害怕，对妈妈及其他亲人的声音和陌生人的声音有完全不同的反应；3个月的宝宝，听到声音后会向声源处转动头部。

- **动作**

　2个月的宝宝趴着的时候能抬起头，并保持1~2秒钟；3个月的宝宝趴着时双肩可以离开床面，上半身能由两臂支撑起来，仰卧时两只手能在胸前握在一起。

- **嗅觉和味觉**

　这个阶段的宝宝能区别好闻和难闻的气味，对刺激性的气味会产生排斥反应。很不喜欢带酸味和苦味的食物，如果给他们吃这类食物，他们会用哭闹的方式表示拒绝，但对甜味有天生的接受力。

- **语言与社交**

　2个月的宝宝能发出"啊""呜""哎""哦"等简单的声音，开始用自发的微笑回报妈妈和其他人的关爱；3个月的宝宝会发出尖叫声、咯咯的笑声，对冲自己说话的人会用挥手、微笑、踢腿等动作表示欢迎。

要多给宝宝温柔的拥抱，这不但会让宝宝有安全感，而且能促进宝宝健康成长。

宝宝母乳喂养

这一时期是宝宝身体各个方面发育生长的高峰期，也是宝宝脑细胞发育的第二个高峰期（第一个高峰期在胎儿期第10～18周）。这个时期，母乳对宝宝来说太重要了，妈妈应坚持母乳喂养。

学会挤奶，让母乳更顺畅

新妈妈学会科学的挤奶方法，才能让哺乳顺利完成。

- **这些时候需要挤奶**

1. 奶水充足的妈妈哺喂前可先挤出一些奶，可让胀满的乳房变软一些，方便宝宝吸吮。

2. 妈妈上班后，如果想继续母乳喂养，就需要每天定时挤奶，带回家喂给宝宝吃。

3. 妈妈乳头内陷，宝宝无法吸吮乳头时，需要将母乳挤出来喂宝宝。

4. 宝宝因早产吸吮力不强或生病吸吮力降低时，应挤奶喂养宝宝。

5. 因宝宝早产住院或妈妈外出母子分离时。

6. 新妈妈乳头受伤时，挤出母乳喂宝宝，有助于乳头创面的恢复。

- **正确的挤奶手法**

1. 挤奶前妈妈要用去污皂洗净双手。

2. 避开乳头和乳晕，热敷乳房2～3分钟。

3. 右手拇指在上，其余四指在下面托住乳房，握成一个C形。

4. 轻轻按摩乳晕和乳窦，以刺激乳房的泌乳反射和喷乳反射，促进乳汁流出。

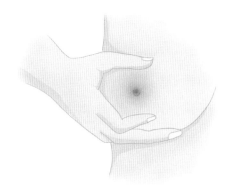

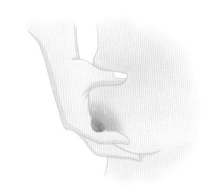

5. 手指朝向肋骨方向轻压，再用食指及拇指在乳头和乳晕后方轻轻挤压，跟着放松，进行规律的一挤一放的动作，将乳汁推挤出来，直至乳汁流速减慢。

6. 拇指和食指再沿逆时针或顺时针方向，转换在乳晕上的位置，以便挤出乳房各部位的乳汁，再按照以上方法对另一侧的乳房进行挤奶。每次挤奶的总时间以20~30分钟为宜。

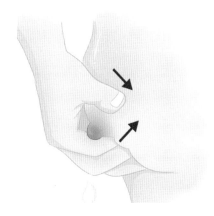

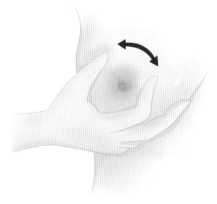

专家指导

挤奶可以用手挤，也可以用吸奶器挤。吸奶器虽然效率比较高，但没有用手挤奶方便、安全、环保。熟能生巧，只要反复练习，掌握窍门，新妈妈就会无痛、舒适、顺利地用手挤出乳汁来。

母乳应妥善保存

妈妈挤出的新鲜母乳该如何保存，才能让宝宝放心享用呢？下面介绍一些科学保存母乳的方法以供参考。

● **保存母乳的要点**

1. 储奶用具宜选择适宜冷冻的、密封良好的塑料制品，其次为玻璃制品，最好不用金属制品，以免降低母乳的营养成分，因为母乳中的活性因子有可能与金属发生反应。

2. 储奶用具中不要装入太满的母乳，也不要把储奶用具的盖子盖得过紧，防止其冷冻结冰而撑破。

3. 宜将挤出的母乳分成小份来冷藏或冷冻，以便根据宝宝的食量喂食，避免浪费，如可以装入120毫升、180毫升、200毫升等不同规格的储奶用具中。记得存放前一定要贴上标签，记上日期和容量。

● **冷冻母乳的解冻**

方法一：热水解冻

将盛装母乳的盛器放入干净的盆中，倒入不超过60℃的热水将其解冻。

方法二：冷水解冻

将盛装母乳的盛器放入干净的盆中，放在自来水龙头下慢慢冲水，大约10分钟就能完全解冻。

● **冷藏（冻）母乳的加热方法**

方法一：隔水烫热

加热冷藏或解冻的母乳，可以像冬天烫白酒那样，把盛装母乳的盛器放进温水中浸泡，让奶吸收水里的热量而变得温热。

方法二：恒温调奶器加热

将恒温调奶器的温度设定在40~50℃，将冷藏或冷冻后解冻的母乳加热。

方法三：温奶器加热

将温奶器的温度设定在40~50℃，隔水将冷藏或冷冻后解冻的母乳加热。

母乳保存的温度及时间

保存温度	保存时间
25℃常温保存	可保存约8小时
0~4℃冷藏保存	可保存约5天
-20℃冷冻保存	可保存3-6个月

夜间喂奶要注意安全

夜里光线暗，妈妈又比较疲惫，会让夜间喂奶和白天喂奶有所不同，提醒妈妈们在夜间给宝宝喂奶时一定要注意安全，切记以下几点：

1. 给宝宝喂奶时光线不要太暗，要能看清楚宝宝的皮肤颜色。

2. 妈妈最好坐起来给宝宝喂奶，躺着喂奶妈妈容易打瞌睡，容易忽视乳头是否堵住宝宝的鼻孔，使宝宝发生呼吸道堵塞。

3. 喂奶后应将宝宝竖立抱起并轻轻拍背，等宝宝打嗝后再放下让其睡觉，然后妈妈应关掉亮灯，保留一些光线，观察宝宝5～10分钟。如果宝宝吐奶了，应让其侧卧，防止吐出的奶呛入气管引起窒息。

从宝宝嘴里抽出乳头的正确方法

每次喂完母乳从宝宝嘴里抽出乳头时，注意不要硬拉，因为有时宝宝会咬住乳头，硬拉会感到疼痛或拉伤乳头。正确的方法为：当宝宝吃饱奶不再吸吮时，妈妈将食指轻轻伸进宝宝的嘴角，慢慢让其把嘴松开；也可以用手指轻轻压一下宝宝的下嘴唇，宝宝会自行松开乳头。这两种方法都能让妈妈很容易地抽出乳头。

喂奶次数及喂奶时间

宝宝月龄	喂养原则	喂奶次数	喂奶时间
2个月	按需哺乳	24小时内喂奶9～11次	间隔2.5小时左右喂一次，每次喂20～30分钟，后半夜可延长间隔时间
3个月	按需哺乳	24小时内喂奶8～10次	间隔3小时左右喂一次，每次喂20～30分钟，后半夜不用专门叫醒宝宝喂奶

妈妈一定要知道的哺乳常识

哺乳期是妈妈和宝宝共同成长的一个阶段，妈妈多了解一些哺乳常识，有助于让自己和宝宝度过一个幸福的哺乳期。

● 哺乳时不宜看电视

妈妈在喂奶时看电视，视线很容易被电视吸引，这样妈妈就缺少与宝宝的情感交流，宝宝就自顾自地吃奶，如果宝宝习惯了没有交流，很容易影响其以后的语言发音能力。此外，宝宝在吃母乳时突然听到电视的声音，感受到电视发出的时明时暗的光束，不但会影响正常吃奶，甚至会遭受不应有的惊吓或干扰。所以，妈妈一定要在安静的环境中给宝宝喂奶，喂奶时要与宝宝对视、微笑，这样有助于宝宝长大后拥有良好的性格。

● 哺乳时不宜逗宝宝

有的妈妈为了让宝宝多吃些母乳，在喂奶时喜欢逗宝宝，这种做法其实很危险，很容易导致宝宝将奶汁误吸入气管，引起呛奶甚至诱发肺炎。此外，喂奶时逗宝宝，宝宝边玩边吃奶，容易引起消化不良。

● 哺乳妈妈不宜烫头发

烫头发时会使用烫发剂，烫发剂大多含有一些有害物质。虽然烫发剂涂在妈妈的头发上，但会有一部分被头皮吸收，通过血液循环进入乳汁。宝宝的肝肾功能还不完善，解毒能力差，宝宝吃了这样的母乳对其身体健康会有影响。另外，妈妈烫发后留在头发中的药水味道，宝宝闻了对身体也是不好的。所以，为了宝宝的健康，断奶后妈妈再烫发吧！

 专家指导 妈妈生气后不宜马上给宝宝喂母乳，因为生气后妈妈的身体会分泌出对健康不利的毒素，这时喂母乳，会通过乳汁进入宝宝体内，影响宝宝的健康。

哺乳妈妈一日食谱推荐

食谱推荐一	早餐	猪肝粥（大米50克，猪肝50克），煮鸡蛋1个，清炒瓜片（黄瓜150克）
	加餐	花卷50克，牛奶150毫升
	午餐	白菜牛肉包子（大白菜100克，牛肉末50克，面粉50克），小米粥（小米50克），莴笋炒虾仁（莴笋100克，虾仁50克）
	加餐	黄豆猪蹄汤（水发黄豆30克，猪蹄1只）
	晚餐	红豆饭（大米50克，红豆20克），鲫鱼萝卜丝汤（鲫鱼1条，萝卜100克），炒茭白（茭白150克）
	加餐	黑芝麻糊（黑芝麻粉25克，糯米粉15克，白糖5克）
食谱推荐二	早餐	蒸鸡蛋羹（鸡蛋1个），馒头1个，豆浆200毫升，菠菜拌粉丝（菠菜100克，粉丝15克）
	加餐	香蕉1根，核桃2个
	午餐	米饭1碗（大米50克），土豆炖鸡（土豆50克，带骨鸡肉150克），炒双花（菜花100克，西蓝花50克）
	加餐	清蒸鳕鱼（鳕鱼肉100克），红枣粥（小米30克，红枣2个）
	晚餐	烙发面饼100克，番茄牛肉汤（番茄150克，牛肉100克），丝瓜炒香菇（丝瓜150克，鲜香菇2朵）
	加餐	豆腐脑（内酯豆腐150克），苹果1个
食谱推荐三	早餐	小油菜羊肉片汤面（小油菜50克，羊肉片50克，挂面60克），豆芽拌海带（黄豆芽50克，水发海带50克）
	加餐	蛋糕50克，酸奶100毫升
	午餐	莲藕大骨汤（莲藕100克，猪棒骨1根），玉米面发糕（玉米面60克，黄豆面30克），炒生菜（生菜150克）
	加餐	钙奶饼干50克，糖拌番茄（番茄100克，白糖5克）
	晚餐	黑米饭（大米40克，黑米20克），木樨肉（猪肉50克，鸡蛋1个，水发木耳40克，黄瓜100克），海米紫菜豆腐汤（海米10克，紫菜5克，豆腐100克）
	加餐	芹菜鸡肉馄饨（芹菜100克，鸡肉30克，面粉50克）

宝宝人工喂养

本阶段人工喂养的宝宝吃奶量大，胃内可以存食了，吃奶间隔的时间延长。如果发现宝宝的大便干燥，可以在两次喂奶间隙适量喂宝宝喝些白开水。

人工喂养姿势不可忽视

人工喂养宝宝时如果不注意喂奶姿势，会对宝宝的健康和发育造成很大的危害。

妈妈在用奶瓶给宝宝喂奶时应避免让宝宝平卧，否则容易引起宝宝吐奶、呛咳。宝宝吐奶、呛咳时还容易使奶液等通过耳咽管进入耳内，引发中耳炎。

正确的喂奶姿势应当是将宝宝自然地斜抱在妈妈怀里，最好成45度角，奶瓶方向应尽量与宝宝面部成90度角，奶瓶不会压着宝宝的下颌骨，能避免宝宝将来形成"地包天"或上颌骨前突。

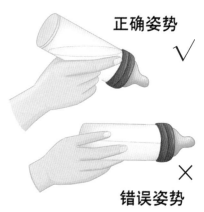

正确姿势 √

错误姿势 ×

用奶瓶给宝宝喂奶的姿势

还需注意的是，奶瓶的奶嘴处一定要充满奶液，以防宝宝空吸，导致吸入过多空气而引起腹胀、腹痛等。

不宜用纯净水或矿泉水冲奶粉

纯净水也叫"穷水"，虽然不含杂质、细菌，但在生产过程中滤去了有益人体健康的矿物质，如钙、磷、锌等。如果长期用纯净水给宝宝冲奶粉，容易造成营养失衡。

除了纯净水，也不适宜用矿泉水冲奶粉，矿泉水的元素含量是针对成人设计的，其含量和比例并不适合婴儿，婴幼儿长期饮用会造成食欲不振、消化不良、便秘，增加患肾结石的风险，还会阻碍配方奶的营养吸收。含钠高的矿泉水还会影响宝宝的脑部发育。给宝宝冲奶粉，包括给宝宝饮用的水，最好用煮沸的普通自来水。

注意奶瓶的清洗和消毒

对人工喂养的宝宝来说，接触最多的东西就是奶瓶，妈妈应注意对奶瓶的清洗和消毒，以捍卫宝宝的健康。

● **消毒奶瓶的重要性**

婴儿的肠胃免疫力较弱，奶瓶及奶嘴清洗不彻底可能会带来安全隐患，伤害宝宝的肠胃。有些妈妈认为，宝宝的奶瓶清洗后用开水烫一下就能起到消毒的作用，这是不对的，简单用开水烫一下并不能把有害菌全部杀死，所以**最好定期煮沸消毒。**

● **奶瓶的清洗方法**

1. 将奶瓶中残余的乳汁倒掉，用流动的自来水把奶瓶内壁看得见的残留奶液冲掉。

2. 在奶瓶中倒入热水，滴几滴奶瓶清洗剂，用奶瓶刷把各个角落都清理干净，特别要注意瓶底和瓶口的螺旋处要多刷几下。

3. 把奶嘴翻过来，用奶嘴刷仔细清洗，要注意洗净奶嘴孔里的奶垢，保证奶嘴上的出奶孔通畅。

4. 用流动的自来水再把奶瓶和奶嘴多冲洗几遍，以去除残留的清洗剂。

● **奶瓶消毒的方法**

消毒塑料奶瓶，应等锅中的水烧开，再放入奶瓶、奶嘴、奶瓶盖，煮3～5分钟关火即可；消毒玻璃奶瓶，可以将奶瓶与冷水一起下锅，等锅中的水烧沸后煮5～10分钟，再放入奶嘴、奶瓶盖这些塑料制品，再煮3～5分钟关火。最后用消毒过的奶瓶夹夹起所有的食具，放在干净通风处，倒扣沥干。

喂奶次数及喂奶时间

宝宝月龄	喂养原则	喂奶次数	喂奶时间
2个月	按时哺乳	24小时内喂奶7～9次	间隔3小时左右喂一次，每次喂60～90毫升，每天喂500～700毫升，后半夜可间隔6小时
3个月	按时哺乳	24小时内喂奶6～8次	间隔3～4小时喂一次，每次喂80～120毫升，每天喂600～800毫升，后半夜宝宝若不醒，不用叫醒喂奶

拍拍嗝，不吐奶

　　喝配方奶的宝宝因为以奶瓶喂食，容易吸入空气，如果空气进入消化系统，宝宝无法排气，就会吐奶、发生胃肠胀气，这就需要妈妈在喂奶间隙或喂奶后适当给宝宝拍嗝。

● 拍嗝的重要性

　　婴儿的胃里通常会有很多积气，给宝宝喂奶后如不及时拍嗝，宝宝很容易回吸导致呛奶，奶进入肺内后很容易引起肺炎。

● 掌握拍嗝的时机

　　1. 0～28天的新生儿每喝30～40毫升的奶，需要拍嗝1次；3个月左右的宝宝应吃奶15～20分钟拍嗝1次。

　　2. 宝宝吃奶吃得起劲时，最好不要用拍嗝打断他们专注吃奶，不然容易使宝宝哭闹，吞入更多的空气。

　　3. 应在宝宝放开奶嘴或换吸另一只乳房的自然停顿时间来给宝宝拍嗝。此外，喂奶结束后要再次给宝宝拍嗝。

● 拍嗝最常用的姿势

　　姿势一：直立抱在肩上拍嗝。

　　将宝宝尽量直立抱在妈妈的肩膀上，用同一侧的胳膊托住宝宝的屁股，再用另一只手的手掌在宝宝的上背部轻拍即可。

　　姿势二：端坐在大腿上拍嗝。

　　妈妈取坐姿，让宝宝坐在你的大腿上，身体前倾，一只手撑在宝宝的腋下，使宝宝的上身竖直并伸展开，另一只手轻拍宝宝的上背部即可。

姿势三：趴在大腿上拍嗝。

妈妈取坐姿，让宝宝的小脸朝下趴在你的大腿上，用一只手将其抓牢，用另一只手轻拍宝宝的上背部即可。

正确的拍法

给宝宝拍嗝时，应将手掌稍微弓起，手心保持空心状。

● **预防宝宝吃奶时吸入空气的措施**

1. 准备母乳喂养前，妈妈一定要先把喂奶姿势调整好，再让宝宝吃奶，避免在喂奶的过程中频繁调整姿势。

2. 用奶瓶给宝宝喂奶时，应让宝宝保持头高身体低的姿势，并且保持一定的倾斜度。

3. 给宝宝冲调配方奶时应左右摇晃奶瓶，避免上下摇动而增加奶瓶中的气体。

4. 妈妈把乳头或奶嘴放进宝宝口中给宝宝喂奶时，要确保乳头或奶嘴完全被宝宝含住，同时乳头或奶嘴一定要放在宝宝的舌头上，奶嘴需充满奶液，避免宝宝吸入过多的空气。

专家指导

有些宝宝吃完奶后拍了20多分钟也不打嗝，妈妈如果遇到这种情况不用担心，宝宝不是每次都能将嗝拍出来，可以在拍嗝的同时让宝宝保持直立姿势10~15分钟，这样也能预防吐奶。

喂配方奶最容易犯的错

给宝宝喂配方奶最容易犯的错误，妈妈知道几个？赶快来了解一下，不要让自己对宝宝的关爱变成对宝宝的伤害。

- **错误一：味道越香浓的配方奶越好**

配方奶不能仅凭味道是否香浓来论其好坏，因为为了让配方奶味道香浓所添加的奶香精等物质只能改变奶粉的口感，不能增加奶粉的营养价值，而质量好的配方奶粉味道并不香浓，而是带有淡淡的乳香味。

- **错误二：含钙量越高的配方奶越适合婴儿**

含钙量高的配方奶通常是添加了化学钙，然而过多的化学钙并不能被宝宝的身体吸收和利用，相反会令宝宝的大便干硬，造成排便困难，引发便秘，时间长了，过量的钙还会在体内沉淀，极易形成结石。

- **错误三：更换奶粉，说换就换**

配方奶从一种牌子换到另一种牌子，或是由一个阶段换到另一个阶段，不能说换就换，今天给宝宝吃一种奶粉，明天马上就换另一种奶粉，这种做法是错误的，容易引起宝宝不适。正确的做法是：先在想更换的奶粉里添加1/3的新奶粉，吃2～3天，如果宝宝没有什么不适感，再老的、新的奶粉各一半吃2～3天，再老的1/3、新的2/3吃2～3天，最后完全过渡到只吃新奶粉。这样一个逐步的转奶过程，宝宝更容易接受，而且不容易发生不适反应。

- 错误四：防止腹泻的配方奶可以长期食用

防腹泻奶粉是一种特殊的婴儿配方奶粉，适合少数先天对牛奶蛋白或乳糖过敏而引起腹泻的婴儿，它的乳糖含量要低于一般的奶粉。长期食用这种乳糖含量低的配方奶，不利于中枢神经系统的发育及肠道菌群的平衡，对宝宝的生长发育没有好处。这种防腹泻配方奶可在宝宝腹泻时短期食用，待腹泻改善后，则需以渐进式添加配方奶粉方式进行换奶。

检查奶速防宝宝呛奶

无论是人工喂养还是母乳喂养，都应注意检查奶水的流速，因为奶水的流速不合适，会使宝宝吸吮费力或引起宝宝呛奶。

- 奶瓶喂养的奶速检查及奶速控制

每次妈妈用奶瓶喂养宝宝前，都应把奶瓶的奶嘴朝下，检查一下奶水的流速，如果奶水呈线状流出不止，说明奶嘴孔过大，应更换孔小一些的奶嘴；如果几秒钟才滴一滴，说明奶嘴孔过小，应更换孔大一些的奶嘴；如果奶水是隔1秒滴一滴，则是最恰当的流速。有时奶瓶盖拧得太紧也会影响奶水的流速，可以把奶瓶盖稍微松开再试试奶速。

- 母乳喂养的奶速控制

妈妈的奶水流速较快时，可以用一只手的食指与中指呈剪刀样掐住乳头，然后通过掐的力度大小来控制乳汁的流速。

配方奶分阶段选择营养好

	适合月龄	营养侧重
婴儿配方奶粉1段	0～6个月的宝宝	含有接近母乳含量的游离核苷酸和充足的铁，还富含比例合适的DHA和ARA，可满足0～6个月宝宝生长发育的需要
婴儿配方奶粉2段	6-12个月的宝宝	不含蔗糖，能防止宝宝因嗜甜而偏食和发胖；采用葡萄糖聚合体配合乳糖，能促进宝宝对钙质的吸收；提供宝宝快速生长所需的营养，可促进智力和身体发育，预防贫血
1岁以上宝宝配方奶	12个月以上的宝宝	添加了牛磺酸、多种维生素及钙、铁等矿物质，并调整了蛋白质、必需脂肪酸的比例，有助于宝宝获得充足而均衡的营养

注：不同品牌的配方奶的段数对应的婴儿月龄可能会略有不同，请参见其外包装标注的具体月龄范围。

两餐之间喂些水

不少妈妈认为给宝宝喂的配方奶是含水的，不用额外再给宝宝喂水，这个观点是错误的，人工喂养的宝宝需要在两餐之间喂些水。

- **两餐之间喂水的作用**

配方奶中主要成分大多是牛奶，牛奶富含钙、磷、钾等矿物质，比母乳高3倍之多，过多的矿物质从肾脏排出体外需要水的参与；牛奶中的蛋白质分子量大，不易消化，乳糖含量较母乳又少，这些都容易导致宝宝便秘，喂水可预防和缓解宝宝便秘；此外，婴儿期是身体生长最迅速的时期，组织细胞增长时需要的水分也多。喂水时间应安排在两次喂奶的间隔，不然会影响宝宝的吃奶量。

- **喂水量和喂水次数**

一般情况下，每次可给宝宝喂水100～150毫升，在发热、呕吐、腹泻等情况下需增加喂水量。喂水次数要根据宝宝的实际需要来确定，一次或数次不等，不喜欢喝水或喝水少时不要强迫。夜间最好不要喂水，以免影响宝宝的睡眠。给宝宝喂白开水为宜，不要以饮料代替白开水，饮料中含糖量较多，有些还含有色素和防腐剂，对宝宝的健康不利。

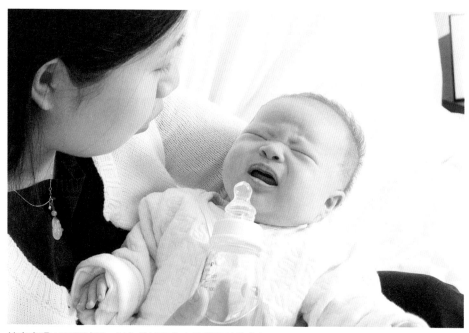

给宝宝喂水不要过量，以免增加宝宝心脏和肾脏的负担。

翟桂荣每日指导 · 0～3岁宝宝营养餐

如何判断人工喂养的奶量是否合适

宝宝每天该喝多少配方奶不仅取决于他的体重，还要考虑他的月龄。另外，有的宝宝胃口大，有的宝宝胃口小，存在个体差异。想判断人工喂养时的奶量是否合适，人工喂养是否合理，可从以下几个方面来判断：

● 观察体重的增长情况

每个月都要给宝宝称一次体重，月龄越小，称重应越频繁。一个健康的婴儿每月应增加600~1000克的体重。体重是否增长是衡量宝宝的奶量合理与否的标准之一，如果体重增长过于缓慢，就可以断定宝宝没得到适当的喂养。

● 观察脸色

人工喂养较好的宝宝脸色通常比较红润；喂养情况不好的宝宝脸色和气色都不好。如果宝宝的脸色苍白，可能是营养不良或缺铁，妈妈可适当增加奶量和铁剂，过一段时再看看宝宝的脸色是否有所恢复。

● 观察大便

吃配方奶的宝宝一般每天大便2次，如果喂奶量少，宝宝的大便次数就会减少；如果冲调的配方奶过稀，宝宝会大便少、小便多；如果冲调的配方奶过浓，宝宝的大便中会夹有奶瓣。奶量合适、喂养得当的宝宝，大便呈金黄色、糊状。

● 观察小便

一般宝宝每天应排尿6次以上，尿的颜色呈淡黄色或无色，如果宝宝的小便正常，说明奶量是合适的。

● 观察吃奶情况

如果每次宝宝的吃奶时间在15~20分钟，并且吃奶的过程中妈妈可以听到数次到数十次的连续吞咽声，说明宝宝已经摄入了足够的奶量。

● 观察睡眠情况

人工喂养奶量合适的宝宝通常一觉可以安静睡2~3小时，吃完奶后即使不睡觉，精神状态也非常好，不哭闹。如果宝宝睡眠不踏实，总爱醒，说明奶量偏少，宝宝可能没有吃饱。

专家指导

宝宝哭并不代表一定是饿了或没吃饱，通常发热、腹痛、口渴、尿湿了时宝宝也会哭。宝宝饥饿或没吃饱时的哭声会带有可爱的哀哭声，当家人靠近他时，哭声就会变为"哎咳、哎咳"声。

宝宝混合喂养

虽然这个阶段宝宝可能会更偏爱容易吸奶的奶瓶喂养方式，但妈妈还是不要放弃母乳喂养，不然就等于放弃了宝宝吃母乳的希望。

混合喂养的要领

- **母乳喂养为主奶粉为铺**

  妈妈在混合喂养时一定要多喂母乳，宝宝尽量多吃母乳对生长发育是非常有好处的。宝宝吃母乳如果吃饱了，就可以不喂奶粉，母乳吃不饱再喂奶粉。

- **奶粉首选配方奶**

  配方奶是以母乳为标准，对牛奶进行全面改造，使其最大限度地接近母乳，符合宝宝营养需要和消化吸收，是除母乳外最适合宝宝的代乳品。

其他代乳品的不足之处

乳品名称	不足之处
甜奶粉	味道甜，含糖量高，不好消化，容易使宝宝依赖甜食，以后添加辅食较为困难
淡奶粉	酪蛋白含量高，不好消化，不太适合婴儿
速溶奶粉	含糖量高，易吸收水分，奶粉颗粒粗，不好消化，适合6岁以上消化能力较强的大宝宝

最容易掌握的混合喂养法

混合喂养不需要定死母乳和配方奶的喂奶次数，尽量多喂母乳，只要宝宝要吃奶就喂母乳，如果宝宝因没吃饱而哭闹，就用配方奶来补充。最初可准备100毫升配方奶，如果宝宝都喝了，好像还没饱，下次就冲120毫升的配方奶；如果宝宝没喝完，下次将配方奶减量到80毫升。妈妈要记住，每次喂完母乳后，喂给宝宝的配方奶不要超过150毫升。此外，每喂100毫升配方奶，需给宝宝喂水15毫升。

"乳头错觉" 的纠正方法

乳头错觉的发生主要是奶粉喂养引起的，在婴儿期极易发生，主要表现为婴儿有强烈的吃奶欲望，但当触及母亲乳头时就哭闹拒吮。乳头错觉若不及时纠正，会使母乳喂养失败。

● **乳头错觉"错"在哪儿**

乳头错觉主要"错"在给宝宝过早使用奶瓶。宝宝吸吮妈妈的乳头和吸吮人工奶嘴的感觉是截然不同的。母乳必须用力吸吮才能吃到，而吸吮人工奶嘴在不费力的情况下，就能很容易地得到奶液。所以，宝宝一旦习惯了人工奶嘴，就不愿再吸吮妈妈的乳头了，乳头错觉就出现了。

● **纠正乳头错觉的小技巧**

1. 趁宝宝浅睡时，用乳头碰一下宝宝的嘴唇，等他微微张开嘴的时候，将乳头放进他嘴里，让其含着乳头，有助于宝宝熟悉妈妈乳头的感觉。

2. 可以去买个乳头保护罩，喂奶时罩在乳头上面，宝宝以为是奶瓶就会吸了，吸一会再拿掉，宝宝就肯吸吮乳头了。多试几天，乳头错觉就会慢慢纠正过来。

3. 妈妈给宝宝喂母乳时应取坐姿，可使乳房下垂更容易让宝宝含接乳头。

4. 妈妈的乳房被较多的乳汁胀得比较硬时，应挤出一些乳汁使乳房变软，便于宝宝正确含接乳头。

5. 可用注射器吸取配方奶，在安装针头的那段插一根小吸管，当宝宝吸吮一会儿母乳、妈妈感觉母乳变少的时候，把小吸管的另一端沿着宝宝的嘴角送入宝宝口中，当看见奶液从奶瓶中流过吸管时，表明宝宝已经喝到瓶中的配方奶了，但宝宝会认为吃的仍然是妈妈的奶。

● **这些情况与乳头错觉无关**

1. 生病。拒吃母乳并伴有呕吐、腹泻等不适症状。

2. 口腔疾患。患有鹅口疮等口腔疾病时拒吃母乳。

3. 鼻腔问题。因感冒等引起鼻塞时拒吃母乳。

专家指导 乳头错觉一旦出现，虽然纠正起来有一定难度，但只要妈妈有耐心，并且纠正方法得当，乳头错觉是能够在较短时间内彻底纠正的，发现越早，纠正效果越好。

宝宝喂养问题一箩筐

这个阶段的宝宝长得较快，主要靠母乳或配方奶获取营养。妈妈尽可能多地了解一些喂养常识，有助于宝宝健康成长。

宝宝溢奶、吐奶，妈妈别慌

很多宝宝在吃完奶后会顺着嘴角吐出一些奶来，这就是溢奶；吐奶是比较严重的溢奶，有时候会呈喷射状。大约40%的婴儿会时不时地溢奶，但通常是非病理性原因造成的。只要在喂养方法上多加注意，就能避免宝宝溢奶、吐奶。

● **防溢奶喂养有讲究**

1. 给宝宝喂奶时要抱起宝宝，并让宝宝的身体处于45度左右的倾斜状态，这样宝宝喝下去的奶汁就会从胃自然流入小肠，减少发生溢奶的机会。

2. 避免让宝宝吃完奶没拍嗝就平躺，给宝宝喂完奶后应让宝宝趴在妈妈肩上，轻轻拍打背部，让他排出胃里的空气后再躺下。

3. 人工喂养时给宝宝冲调的配方奶不宜太浓，太浓的奶可能会引起宝宝消化不良，从而造成溢奶。

宝宝溢奶、吐奶原因

非病理性因素	喂奶时吸入过多的空气；喂奶量过多或两餐间隔时间太短；宝宝吃完奶后马上就躺下
病理性因素	食管闭锁、幽门狭窄、肠闭锁、肠扭转、便秘、感冒、肺炎等

● **吐奶后的应对**

1. 宝宝躺着时发生吐奶，应迅速将宝宝的脸侧向一边，上身保持抬高的姿势。

2. 宝宝吐奶后，妈妈要用干净的毛巾和棉签清理宝宝口中、鼻中的溢出物。

3. 宝宝吐奶后，如果呼吸困难或脸色不好，有可能是吐出的奶水进入了气管，妈妈要用力拍打宝宝的背部，促使宝宝将呛进的奶水咳出。

4. 不要在宝宝吐奶后马上喂水，容易再次引起呕吐，最好在吐奶后30分钟用小勺先一点点地试着给宝宝喂些白开水。

宝宝呛奶怎么办

婴儿很容易溢奶，如果溢奶时奶水由食道逆流至咽喉部，在吸气的瞬间误入气管，即发生呛奶。

- **预防宝宝呛奶的方法**

1. 喂奶切忌贪多，尽量少量多次；无论是母乳喂养还是人工喂养，都要控制好奶速。

2. 母乳喂养时应让宝宝上半身呈45度角斜躺在妈妈怀里，喂奶时不要让宝宝平躺；用奶瓶喂奶时宝宝同样不能平躺，应取斜坡位，奶瓶底高于奶嘴，使奶嘴充满奶液，以免吸入空气。

3. 给宝宝喂奶时，妈妈应时刻注意防止乳头或奶嘴堵住宝宝的口、鼻。

4. 不宜等宝宝过于饥饿时喂奶，否则容易因吃得急而呛奶；也不宜在宝宝发笑或哭闹时喂奶。宝宝吃饱了就不要勉强再喂。

5. 喂奶后将宝宝竖抱，轻拍宝宝后背，使其把吞下的空气排出来，听见宝宝打嗝后再让其躺下。

6. 宝宝吃奶后睡觉，应多取侧卧位，头偏向一侧，可防止奶液误吸入呼吸道引起窒息。

- **呛奶后的急救方法**

1. 宝宝吃饱奶后因溢奶、吐奶引起轻微呛奶时，应让宝宝侧卧且脸侧向一边，以免再次溢奶、吐奶使奶液呛入咽喉及气管。

2. 宝宝呛奶后出现脸色发紫、憋气、不呼吸时，应让其俯卧在抢救者腿上，上身前倾45~60度，稍用力拍打其背部，使气管内的奶液倒空引流出来。

3. 可用手指缠干净的纱布伸入宝宝口中直至咽部，将奶液吸出，避免奶液吸入气管。

4. 宝宝鼻腔中也呛有奶水时，要用消毒棉签清理鼻腔。

5. 可用力拍打、掐捏宝宝的脚底，让其感到疼痛而哭叫或咳嗽，有助于将呛入气管的奶咳出，缓解呼吸不畅状况。

维生素A对呼吸道黏膜有修复作用，宝宝呛奶后每天补充400微克的维生素A，能很快改善不适症状。

婴儿奶粉过敏的应对方案

宝宝喝配方奶粉之后出现湿疹、腹泻、呕吐等症状，这是一种婴儿期比较常见的奶粉过敏症状。通常过敏原是牛奶蛋白。

● **婴儿奶粉过敏的症状**

大多数宝宝在连续喝奶粉7～10天后才会出现过敏症状，也有少数宝宝在喝完奶粉后会立刻出现过敏症状。主要表现为湿疹、荨麻疹、眼睑或唇周肿胀等皮肤症状，恶心、呕吐、腹泻、大便带血等胃肠道症状，打喷嚏、流鼻涕、咳嗽、喘息等呼吸道症状。

● **选对奶粉不再过敏**

婴儿对奶粉过敏时首选深度水解配方奶，一般宝宝食用这种奶粉2～4星期后，过敏症状会明显缓解或基本消失。确诊为牛奶蛋白过敏的宝宝至少要吃深度水解配方奶半年以上。深度水解配方奶中富含宝宝生长发育所需的多种营养素，分子量小，更容易消化、吸收，人工喂养的宝宝完全可以将其作为母乳的替代品长期食用。如果宝宝对深度水解配方奶不耐受，可改换成氨基酸配方奶，但这种情况一般非常少见。

深度水解配方奶的分类

分类	特点
以酪蛋白为基础的深度水解配方奶	营养更接近牛奶
以乳清蛋白为基础的深度水解配方奶	更容易消化

● **喂养建议**

妈妈尽可能用母乳喂养宝宝，母乳喂养是避免宝宝奶粉过敏的最佳办法。如果实在不能母乳喂养宝宝，在选用配方奶的时候，不建议选择羊奶和大豆配方奶，因为对牛奶蛋白过敏的宝宝通常对羊奶和大豆配方奶也会过敏，这两种配方奶没有预防过敏的作用。

 专家指导 乳糖不耐受容易与婴儿奶粉过敏相混淆。乳糖不耐受通常是宝宝喝完母乳或奶粉后出现恶心、呕吐、腹痛、腹泻等胃肠道症状，尤以腹泻多见，一般没有湿疹等皮肤症状或打喷嚏等呼吸道症状。这样的宝宝需要一种特殊的、不含乳糖的婴儿配方奶粉。

有些疾病不耽误妈妈喂奶

处于哺乳期的妈妈由于照顾宝宝十分疲劳，容易抵抗力降低，生病是很正常的。此时该不该给宝宝喂母乳，是许多妈妈都有的困惑，其实，有些疾病是不耽误妈妈给宝宝喂奶的。

- **感冒**

如果妈妈没有发热，没有细菌感染，不建议中断母乳喂养；妈妈如果发热，可以服用没有副作用或副作用较小的中药口服液，这样对哺乳没有太大影响。妈妈感冒无论发热与否，都应在喂奶时戴双层口罩，避免通过呼吸将感冒病毒传染给宝宝。妈妈如果持续高烧，需要暂停母乳喂养1~2天。

- **糖尿病**

患糖尿病的妈妈在血糖控制良好的情况下是可以给宝宝喂母乳的，因为乳汁中的乳糖含量是固定的，不会因为妈妈的血糖高而影响乳汁中乳糖含量。患糖尿病的妈妈母乳喂养宝宝并不会使宝宝也患上糖尿病。但如果妈妈的血糖高到需要口服降糖药或胰岛素来控制，就需要暂停哺乳了，以免药物成分通过母乳对宝宝产生不良的影响。

- **乳腺炎**

症状比较轻的乳腺炎或在乳腺炎初期，妈妈不应停止哺乳，因为哺乳有利于乳汁的排空，是治疗乳腺炎非常有效的手段；当发现乳房有脓性分泌物排出，或妈妈出现高热、患侧腋窝淋巴结肿大并疼痛，此时最好停止哺乳，积极治疗后再给宝宝哺乳。治疗期间应定时将母乳挤出后倒掉，以防病后无奶。

腹泻一般是肠道感染，不会影响母乳，患有腹泻的妈妈不必给宝宝停奶，但要注意便后和喂奶前要认真洗手。

宝宝生病时的科学喂养

疾病名称	喂养方法
鹅口疮	1. 要控制喂奶时间，每次喂奶不宜超过20分钟 2. 母乳喂养的妈妈每次喂奶前，应将双手清洗干净；人工喂养的宝宝所用的食具如奶瓶、奶嘴等，应煮沸消毒后才可使用
肺炎	1. 尽量采用母乳喂养，每2小时喂一次，母乳能供给充足的营养和水分，增强患儿的身体抵抗力 2. 发热、出汗的患儿会增加体内水分的消耗，要多喂水使咽喉部湿润 3. 宝宝吃完奶后应轻拍其背部，以利于胃内空气的排出，防止发生呛咳和溢奶 4. 病情严重的患儿可用硅胶胃管鼻饲，妈妈要做好鼻饲护理
婴儿湿疹	1. 母乳喂养的宝宝发生湿疹，妈妈不宜吃容易引起过敏的食物，如辛辣食物、牛羊肉、海鲜、鸡蛋等，饮食宜清淡，多吃新鲜蔬果 2. 人工喂养的宝宝出现湿疹，如果确诊为牛奶蛋白过敏，应改用深度水解配方奶来喂养
便秘	1. 母乳喂养的宝宝发生便秘，可能是因为母乳的摄入量不足引起的，这种便秘常伴有食后啼哭、宝宝体重不增等，妈妈只要适量增加喂乳量，宝宝的便秘就会逐渐缓解 2. 人工喂养的宝宝发生便秘，妈妈要检查一下奶粉是否严格按配方调配，奶汁浓度过高，宝宝就容易便秘；如果奶粉调配没问题，可在两次喂奶间隙给宝宝喂足量的白开水
感冒发热	1. 宝宝感冒发热时可能会因鼻塞严重而吮奶困难，这时可将母乳挤出后用小勺或滴管耐心地喂给宝宝吃，可分少量多次 2. 宝宝感冒发热时体内的水分流失较多，妈妈要及时、分少量多次地给宝宝喂水喝，水温以30~36℃为宜

Chapter **3**

4~6个月
宝宝营养餐

宝宝在经过4个月的纯奶喂养后，第5个月进入了尝试添加辅食期，可以品尝到米汤、菜汁、果汁的滋味了，这为第6个月正式添加辅食做好了准备。但奶类还是这个阶段宝宝的主要食物。

宝宝发育特点

4～6个月的宝宝身体生长发育极为迅速，大部分的宝宝会在第6个月时长出乳牙，并能够注视距离较远的物体，趴着的时候还能自己翻身了。

4～6个月宝宝身体发育

- **身高**

  4个月的男宝宝体重5.7～8.6千克，女宝宝4.7～7.9千克；5个月的男宝宝体重6.0～9.3千克，女宝宝5.4～8.8千克；6个月的男宝宝体重6.4～9.8千克，女宝宝5.7～9.3千克。

- **体重**

  4个月的男宝宝身高59.7～68.0厘米，女宝宝57.8～66.4厘米；5个月的男宝宝身高61.7～70.1厘米，女宝宝59.6～68.5厘米；6个月的男宝宝身高63.3～71.9厘米，女宝宝61.2～70.3厘米。

- **头围**

  4个月的男宝宝头围39.2～44.0厘米，女宝宝38.1～43.1厘米；5个月的男宝宝头围40.1～45.0厘米，女宝宝38.9～44.0厘米；6个月的男宝宝头围40.9～45.8厘米，女宝宝39.6～44.8厘米。

- **囟门**

  从第4个月开始，宝宝后囟门已闭合，前囟门1～2.5厘米。如果前囟门小于0.5厘米或大于3厘米，应请儿科医生检查是否有异常情况。

- **其他**

  大部分的宝宝会在第6个月时开始长出乳牙，出牙的顺序通常是首先长出两颗下门牙；宝宝的睡眠时间比之前有所减少，每天睡眠的总时间为14～15个小时，有的宝宝夜里可以一觉睡到天亮，白天能睡2～3次，醒着的时间明显延长。

4~6个月宝宝智能发育

- **视觉**

  4个月的宝宝对颜色很敏感，喜欢看明亮鲜艳的颜色，尤其是红色，视觉上开始建立立体感；5~6个的宝宝视力明显增强，能够注视距离较远的物体，如街上的行人、车辆，天上的白云、风筝、初升的月亮和落日等，并开始积极地对事物进行观察。

- **听觉**

  4个月的宝宝能区分男人的声音和女人的声音，听到妈妈的说话声会显得很高兴；5~6个月的宝宝听到声音时，能咿咿呀呀地回应，对音量的变化有反应。

- **动作**

  4个月的宝宝可以坐得很直，并能够部分地控制头部活动，还能用双手拿起一个玩具；5个月的宝宝可以自己坐起来了，能熟练地从仰卧翻到侧卧，再翻到俯卧，能拿东西往嘴里放；6个月的宝宝在有人扶着站立时，两腿会做跳的动作，趴着的时候能自己翻身，出现敲、捏、摇、抓等探索动作。

- **嗅觉和味觉**

  4~6个月的宝宝已经能比较稳定地区分不好的气味和好的气味了，也能较为明确而精细地区别酸、甜、苦、辣、咸等不同味道，对食物味道的微小改变已很敏感。

- **语言与社交**

  4个月的宝宝开始咿呀学语，见到熟悉的人会微笑；5个月的宝宝能够发出"b""m"等单音节，会用表情、声音、哭泣和身体的活动来表达情感；6个月的宝宝开始无意识地发出"爸""妈"等单音节，有时还能发出如"a""e""i""o""u"等比较复杂的声音，大人喊宝宝名字的时候宝宝会有所反应，并能辨别慈爱和严厉的语调，会用发音、伸手或拉人等方式主动和人交往。

4~6个月

宝宝辅食喂养

　　随着宝宝的成长，宝宝每天所需要的营养逐步增加，母乳或配方奶中的营养有可能不能完全满足宝宝的需要，这时妈妈应该给宝宝做好添加辅食的准备。通常纯母乳喂养的宝宝在6个月的时候正式添加辅食，混合喂养的宝宝在5个月时添加辅食，人工喂养的宝宝在4个月时添加辅食。

4~6个月宝宝的营养需求

营养素名称	需求量（每天）	营养素名称	需求量（每天）
热量	每千克体重95千卡	蛋白质	每千克体重1.5~3克
脂肪	为总热量的45%~50%	维生素A	400微克
维生素C	40毫克	维生素D	10微克
维生素E	3毫克	钙	300毫克
铁	0.3毫克	锌	1.5毫克
碘	50微克	硒	15毫克

数据来源：《中国居民膳食营养素参考摄入量》

宝宝的饮食仍以母乳或配方奶为主

　　4~6个月，母乳或配方奶仍是宝宝的主要营养来源，因为宝宝的消化系统已经习惯了好消化、易吸收的奶类食品，他们需要慢慢地学习适应消化吸收其他食物，即使6个月正式添加辅食，辅食也只是起到辅助作用，是奶类食品的补充。

专家指导 第4个月，要注意给宝宝补铁。母乳喂养的宝宝，妈妈要适量多吃些富含铁的食物，如动物血、木耳、动物肝脏、瘦肉等；人工喂养的宝宝体检时应检查一下是否有缺铁性贫血，如果缺铁要及时补充。

翟桂荣每日指导·0~3岁宝宝营养餐

4 个月宝宝的奶类喂养

喂养方式	喂奶方法
母乳喂养	宜按需哺乳,每天喂奶7~9次,每隔3小时左右喂一次奶,后半夜不用叫醒宝宝喂奶
人工喂养	宜按时哺乳,24小时内喂奶6~7次,每次喂奶120~160毫升,每间隔3~4小时喂一次奶,后半夜不用叫醒宝宝喂奶
混合喂养	以母乳为主,距上次喂奶时间2小时以内,喂母乳;距上次喂奶时间2小时以上,喂配方奶。如果在宝宝没有生病的情况下,每天体重增长不足20克,一周体重增长不足120克,一个月体重增长不足500克,一般是喂奶量不足,可尝试添加配方奶

5 个月宝宝的奶类喂养

喂养方式	喂奶方法
母乳喂养	每天喂奶6~8次,间隔3~4小时喂奶一次,每次的喂奶时间应在20分钟左右
人工喂养	24小时内喂5~6次奶,间隔4小时左右喂奶一次
混合喂养	以母乳为主,距上次喂奶时间2.5小时内,喂母乳;距上次喂奶时间2.5小时以上,喂配方奶。白天应喂奶3~4次,前半夜喂奶1~2次,后半夜不喂,晨起喂奶1次

6 个月宝宝的奶类喂养

喂养方式	喂奶方法
母乳喂养	每天喂奶5~6次,间隔4小时左右喂奶一次,每次喂奶时间在20分钟左右
人工喂养	每天喂5~6次奶,间隔4小时左右喂奶一次
混合喂养	以母乳为主,距上次喂奶时间3小时以内,喂母乳;距上次喂奶时间3小时以上,喂配方奶

宝宝添加辅食的时间

过去的观点认为满4个月的宝宝就可以添加辅食了，但世界卫生组织提倡在前6个月尽量纯母乳喂养。从实际情况来看，满5个月是尝试添加辅食期，因为宝宝不是从满6个月后就突然开始添加辅食的，之前要有一些过渡和尝试，即5~6个月时，妈妈可以尝试着给宝宝添加很少量的辅食，如米粉调的稀汁、菜汁和果汁等稀汁状食物，让宝宝熟悉一下奶类以外的食物，为满6个月正式添加辅食做准备。满6个月开始正式添加辅食时，添加的辅食应是泥糊状的，奶与辅食的比例为8:2。

添加辅食过早过晚都不好

给宝宝添加辅食，不宜过早也不宜过晚，过早和过晚添加辅食都对宝宝的身体健康不利。

● **过早添加辅食的弊端**

1. 会降低母乳中营养成分的吸收量，而母乳的营养是最好的，这样替代的结果得不偿失。

2. 6个月之前，宝宝的胃肠道功能尚不成熟，许多消化酶也不足，难以消化不同种类的食物。

3. 容易引起宝宝过敏、腹泻等问题。

● **过晚添加辅食的弊端**

1. 宝宝所需的营养（如铁元素）不能得到及时补充，容易使宝宝营养不良，甚至会影响生长发育速度。

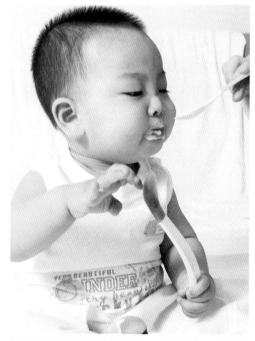

过敏严重的宝宝可以稍微晚一些加辅食，但也不要晚于8个月，可先加一些米粉、粥、苹果汁等不容易引起过敏的食物。

2. 6个月左右的宝宝进入味觉敏感期，此时添加辅食能让宝宝接触多种质地或味道的食物，错过这个时期过晚添加辅食，容易造成宝宝偏食、挑食。

宝宝添加辅食的原则

添加辅食的原则，新手妈妈们一定要了解并掌握，这对宝宝的身体发育和健康都非常重要。

- 原则一：从少到多

开始时只喂宝宝一勺尖那么少的新食物，一天只能喂一次，然后观察宝宝的接受程度，如果没有不适反应，可逐渐加量。比如添加蛋黄时，先从1/4个甚至更少量开始，如果宝宝能接受，维持几天后再增加到1/3的量，再逐步加量到1/2、3/4，直至整个蛋黄。

- 原则二：从一种到多种

开始只能给宝宝吃一种与月龄相宜的辅食，3～5天后如果宝宝的消化情况良好、排便正常，再尝试添加另一种食物。这样做的好处是，如果宝宝有不良反应，妈妈能很清楚地知道是哪种食物造成的不适。当宝宝吃了新添的食物后，出现腹泻或大便里有较多黏液的情况，要马上暂停添加该食物，等宝宝这些不适反应消失后再重新少量添加。

- 原则四：从稀到稠

给宝宝开始添加辅食时，应先喂流质食物，再逐渐添加半流质食物，最后添加固体食物。如果一开始就添加半固体或固体食物，宝宝难以消化，会导致腹泻、便秘。如宝宝从喝米汤到稀粥再到稠粥，最后过渡到软饭的过程，就是"从稀到稠原则"的最好范例。

- 原则四：从细到粗

开始添加辅食时，应选择颗粒细小的辅食，以防宝宝发生吞咽困难，等宝宝乳牙陆续萌出后，可以把食物的颗粒逐渐做得粗大，有助于锻炼宝宝的咀嚼能力。比如从胡萝卜汁到胡萝卜泥，再由胡萝卜碎到胡萝卜片过渡。

专家指导 最好选在宝宝心情愉快和清醒的时候喂辅食，宝宝表示不愿吃时，千万不要强迫宝宝进食。当宝宝身体不适、生病或气候炎热时应暂缓添加辅食，以免增加宝宝消化道的负担。

过敏体质的宝宝如何添加辅食

宝宝由于胃肠道发育不成熟，容易引起过敏。因此添加辅食需特别讲究方法，其中最关键的是避免用易引发过敏的食材来制作辅食。

● **添加方法有讲究**

1. 精细的谷类很少引起过敏反应，其中大米比小麦更少引起过敏，因此大米米粉是首选的添加食物。

2. 避免一开始添加牛奶或富含蛋白质的食材，如奶酪、蛋糕，而蛋黄及其制品应在7个月后再添加。

3. 尽量不用婴儿罐头食品等加工食品，这类食品中添加的人工色素、防腐剂、抗氧化剂、香料等也可引起过敏反应。

4. 少给宝宝吃带甜味的辅食，过多的糖分会加重食物过敏的程度。

5. 避免添加海鲜、花生、巧克力等食材。

6. 尽量选用应季、新鲜的食材，食物要多样化。

7. 第一次吃蔬菜、水果等辅食时，要注意加热至熟后再食用。

8. 为防止豆类过敏，豆制品要少量添加。

过敏体质宝宝添加辅食后的常见过敏症状

过敏部位	过敏症状
皮肤过敏	荨麻疹、湿疹、皮肤干痒、眼皮肿、嘴唇肿、手脚肿等
消化道过敏	呕吐、腹痛、腹泻、便秘等
呼吸道过敏	鼻塞、流鼻涕、打喷嚏、结膜充血、持续咳嗽、气喘等

● **提高宝宝免疫力**

过敏体质的宝宝除了应远离引起过敏的食物外，还应提高身体的免疫力，以增强对过敏食物的适应性。父母应多给宝宝补充富含胡萝卜素、B族维生素、维生素C、维生素E的辅食，这有助于增强宝宝的免疫力。富含胡萝卜素的食物有胡萝卜、菠菜、小白菜、油菜等；谷类食物中富含B族维生素；西蓝花、猕猴桃等富含维生素C；芝麻、核桃等坚果富含维生素E。

专家指导 不容易造成过敏的食物有：苹果、菜花、西蓝花、芦笋、南瓜、土豆、芋头、红薯、胡萝卜、莴笋、鸡肉、燕麦、梨、桃、葡萄等。

翟桂荣每日指导·0～3岁宝宝营养餐

各类辅食的添加顺序

- **按食物种类来添加**

  应按淀粉（谷物）－蔬菜－水果－动物的顺序来添加。从一类食物过渡到另一类食物，过渡的时间以一至两周为宜。即便是同一种类的食物也要按从单一到多样的顺序进行添加，不要同时给宝宝吃两三种同一种类的食物。

- **按食物质地来添加**

  应按液体（如菜水、果汁等）－泥糊（如浓米糊、菜泥、蛋黄、鱼泥、肉泥等）－固体（如烂面条、软饭、馒头片等）的顺序添加。

辅食的喂食法

1. 把宝宝抱在膝上，带上围嘴，擦干净宝宝的嘴和双手。

2. 把装有食物的小勺移到宝宝小嘴的正前方，当宝宝张嘴时，将小勺放在宝宝的舌面上，诱导他进行咀嚼和吞咽，以此方法将辅食喂完。

3.将宝宝直立抱在肩膀上，轻拍其上背部，让宝宝打嗝，然后给宝宝擦擦嘴，再喂些母乳或配方奶。

添加辅食从米粉开始

宝宝该添加辅食了，先吃什么好呢？这是许多新手妈妈都会有的疑问。宝宝最初的**辅食应首选强化铁米粉**！

● **为什么要先吃婴儿强化铁米粉**

因为婴儿米粉一般很少引起宝宝过敏，并且婴儿米粉含有的碳水化合物、蛋白质、脂肪、B族维生素等营养成分非常适合宝宝。此外，由于6个月左右的宝宝体内储存的铁差不多已经消耗完了，加上母乳中铁的含量不多，选用婴儿强化铁米粉能帮助宝宝从辅食中获得足够的铁以满足生长发育的需要。

● **正确冲调婴儿米粉的方法**

一般的婴儿米粉包装上都会标明冲调浓度，第一次给宝宝添加米粉时应冲调得稀一点，比包装上标明的浓度稀1~2倍，在宝宝能够接受这个浓度之后，再逐渐调整到说明书上的冲调比例。冲调米粉的水温以70~80℃为宜，水温太低，米粉不易溶解，会结块，宝宝食用后容易消化不良；水温太高，容易破坏米粉中的营养。此外，不要把冲调好的米粉放到火上烧煮，这样做会使米粉中的营养流失。

● **米粉的选购要领**

1. 如果宝宝对牛奶蛋白过敏或对乳糖过敏，不宜选购含有奶粉的米粉。

2. 米粉应选若干小袋独立包装的，不但好估计进食量，而且不容易受潮。

3. 要选择与宝宝月龄相适应的米粉，购买时应看清产品包装上标注的适用月龄。

4. 应选颗粒比较细的米粉，这样的米粉更容易被宝宝消化吸收。

5. 质量好的米粉色泽均匀一致，呈现大米的自然白色。

6. 有些妈妈纠结是买国产米粉还是进口米粉。其实选米粉，不要光看产地，还要看是否是有机产品，有机产品无论是国产还是进口在安全性上都有保证。同时应选择品牌产品，质量有保证，售后服务好。

 专家指导 如果由于条件所限，只能用大米粥代替强化铁米粉喂宝宝，建议应在医生指导下额外给宝宝补充铁剂，以预防缺铁性贫血的发生。

营养素在辅食中的分布

营养素	食物来源
蛋白质	蛋白质的来源有两大类：一是动物蛋白质，如鱼、肉、蛋、奶；另一类是植物蛋白质，豆类及其制品、坚果
脂肪	含脂肪丰富的食物主要是植物油、肉类和坚果
碳水化合物	碳水化合物主要来源于粮谷类、根茎类食物和薯类
维生素A	维生素A的来源有两类：一是维生素A原，即胡萝卜素，进入人体后能转变成维生素A，主要存在于绿叶菜和黄色、橘色的蔬果中；另一类是来自于动物性食物的维生素A，主要存在于动物肝脏、禽蛋、奶及奶制品中
维生素C	新鲜的蔬菜和水果是维生素C的主要来源
维生素D	维生素D主要存在于海鱼、动物肝脏、蛋黄和瘦肉中
维生素E	植物油是维生素E最好的食物来源，豆类、坚果等也含有丰富的维生素E
维生素B$_{12}$	维生素B$_{12}$只存在于动物性食物中，以动物肝脏、牛肉、猪肉、鸡肉、鱼肉、蛤类、蛋、奶及奶制品中含量居多
钙	奶及奶制品是最好的钙质来源，虾皮、芝麻酱、豆制品、海带、海鱼等也含有丰富的钙
铁	猪肝、鸡肝、猪血、鸭血、瘦肉、鸡蛋、木耳、海带、黄豆、香菇等食物含有比较丰富的铁，动物性食物中的铁更容易被吸收
锌	锌主要存在于海产品和动物肝脏中，豆类及坚果等植物性食物含锌量也不少，但动物性食物所含的锌更容易被宝宝吸收
钾	含钾比较丰富的食物主要有土豆、黄豆、香菇、海带、鱼肉、牛肉、香蕉等
磷	蛋黄、鱼、瘦肉、动物肝脏、虾皮、海带、紫菜、燕麦、花生、核桃仁等含有较多的磷
碘	碘主要来自海产品，如海带、紫菜、海蜇、海鱼等，也可以从碘盐中获取碘
叶酸	绿叶蔬菜是叶酸较好的食物来源，动物肝脏及一些水果中也含有丰富的叶酸

辅食选用的食材要健康

给宝宝制作辅食的食材一定要新鲜，最好是当天买当天吃，存放过久的食物不但营养成分降低，还容易发霉或腐败，有的还会产生毒素，危害宝宝的健康。此外，制作辅食的食材最好选择应季的，应季食材接受阳光照射较多，营养比较丰富，而且喷洒的农药少，几乎不使用催熟剂，比反季节食材更适合宝宝食用。

另外，宝宝的辅食一定要现吃现做，有的妈妈图省事，一次会多做些辅食，然后放入冰箱冷藏，下次取出来热一下就喂给宝宝吃，这样做并不科学。因为冰箱也并不是安全的，病菌在冰箱里仍然可以滋生。提前做好的辅食在冰箱中发生变质，宝宝食用后极易引起腹泻。

给宝宝制作辅食的专用工具

工具名称	用途	使用要点
菜板	在上面切食物	每次用之前先用开水烫一遍
刀具	切食物	切生、熟食物所用刀具要分开
刨丝器、擦板	做丝、泥类食物必备的用具	食物细碎的残渣很容易藏在细缝里，每次使用后都要洗净、晾干
蒸锅	蒸熟或蒸软食物	蒸食物前别忘记在锅中加水
汤锅	煮汤或烫熟食物	宜使用小号汤锅，节能又方便
榨汁机	制作果汁和菜汁	清洗要彻底，使用前用开水烫一下
过滤筛网	过滤食物渣滓	使用后洗净、晾干，使用前用开水烫一遍
研磨钵+研磨棒	捣碎食物	使用后洗净、晾干
电子秤	称量食物	防止进水受潮，用完后取出电池
分蛋器	将蛋清和蛋黄分离	使用后洗净、晾干

专家指导 辅食不要用铝质、铜质的炊具来烹煮，因为铝会在酸性坏境下溶解在食物中，对宝宝的健康不利；而铜能和一些食物中的维生素C发生氧化反应，破坏维生素C。

烹调辅食应无盐、少糖

所谓"无盐",即给1岁以内的宝宝烹调辅食时不宜加盐调味,因为1岁内的婴儿肾脏功能还不完善,摄入盐会增加肾脏负担,像酱油、鸡精等调味品都是含有盐的,都不宜添加。

所谓"少糖",即在给宝宝制作辅食时尽量不加糖,以保持食物原有的味道,同时应少用糖果、糕点等甜食给宝宝做辅食。如果此时给宝宝的辅食中加糖,他们会习惯吃过甜的饮食,慢慢对不加糖的淡味食物会产生抵触,容易挑食。同时辅食中含糖多,还容易造成宝宝龋齿、肥胖。

6个月宝宝常用辅食的适宜硬度

给6个月宝宝制作的辅食,硬度应与酸奶的感觉差不多,是流质及泥糊状的。下面以大米、胡萝卜、菠菜为例,示范一下6个月宝宝辅食的适宜硬度。

大米　　　　　　　　　　胡萝卜　　　　　　　　　　菠菜

6个月宝宝的辅食量

谷类（克）	蔬菜（克）	水果（克）	蛋黄（个）	鱼禽畜肉（克）
5~10克	3~5克	3~5克	0	0
烹调油（克）	水（毫升）	食物性状	奶与辅食比例	每天添加次数
0	200~300	汁、稀糊	8：2	1

宝宝不吃辅食怎么办

宝宝一般都偏爱自己熟悉的食物，对新口味和新制作的食物有一定的恐惧心理。所以，在刚开始添加辅食时，宝宝不接受是很正常的。

● **喂辅食讲技巧**

给宝宝喂辅食要少量多次，即喂食时先给宝宝舔一下，他们可能会吐出来，没关系，安抚一下、鼓励一下，再喂，这样从吐出到吃下，反复练习5~15次，宝宝一般就能接受辅食了。

● **耐心最重要**

父母一定要有极大的耐心，宝宝不吃，没关系，减少量；还不吃，就先换一种别的食物；再不吃，隔天再试着喂。唯一的原则就是不吃别强迫，但是也别放任他们不吃，想吃什么吃什么，这种做法非常不可取。其实只要父母多些耐心和努力，采用上面提到的喂食技巧，慢慢跟宝宝磨合，宝宝很快就会吃辅食了。

● **引诱宝宝**

在宝宝拒吃辅食时，妈妈可以让宝宝看着自己，假装用小勺舀一些辅食放进自己嘴里，然后做出咀嚼的动作，告诉宝宝非常好吃，并且表现出很享受的表情，以此来调动宝宝的食欲，有助于让他们吃下辅食。

有些妈妈把稀糊状辅食装进奶瓶中喂宝宝，非常不可取。一定要用勺子喂给宝宝，这样能很好地锻炼宝宝的舌头转动、运送食物、吞咽。

帮新手妈妈走出辅食添加的误区

新手妈妈在给宝宝添加辅食时常常会走入一些误区，结果导致宝宝出现各种不良反应。一起来看看都有哪些常见的误区吧！

● **误区一：第一餐辅食喂蛋黄**

以前，蛋黄作为宝宝的"第一辅食"被大力推荐，这主要是因为蛋黄含"铁"，但是蛋黄中的铁较难吸收，吸收率仅为3%，并且蛋黄是容易引起宝宝过敏的食物之一。宝宝6个月开始添加的辅食不应包括蛋黄，现在，蛋黄被推荐到宝宝7个月以后作为动物性食物开始添加。宝宝的**第一餐辅食应该是婴儿米粉**，因为谷物是最富含淀粉的食物，谷物中米的蛋白质含量较少，最不易引起宝宝过敏，磨成细腻的颗粒后还很容易消化吸收，并且做成米粉很容易把易吸收的铁强化剂加进去，是宝宝首选的辅食。果汁、菜汁等也可以作为早期辅食来添加，但一般不作为正规的最初辅食。

● **误区二：添加辅食后忽视奶的摄入量**

有的新手妈妈认为，宝宝既然已经添加了辅食，奶少喝点也没关系。其实不然，6～12个月的宝宝，**母乳或配方奶仍是他们主要的营养来源**，奶应是他们每天的主要食物，6～12个月的宝宝每天要保证摄入总奶量800毫升左右。

● **误区三：喂完奶后喂果汁**

有些妈妈在给宝宝添加果汁辅食时，喜欢在喂完母乳或配方奶之后，这是不对的。因为果汁中含有的果酸容易把奶中的蛋白质变成凝块状，非常不利于宝宝对奶的消化和吸收。应在**喂宝宝喝完母乳或配方奶后1小时，再喂宝宝喝果汁。**

● **误区四：给宝宝喂蜂蜜水**

世界卫生组织不建议给1岁以内的宝宝喂蜂蜜水，因为蜂蜜有可能含有肉毒杆菌，宝宝一旦中毒，病死率较高。

专家指导　给宝宝制作辅食最好不添加花椒、大料、桂皮等辛辣类的调味品，这样的调味品会对宝宝的胃肠道会产生较强的刺激。

宝宝辅食食谱

米汤

🥕 原料

大米30克。

🥣 做法

1. 大米洗净，浸泡30分钟。

2. 将大米放入小炖锅内，加入适量清水，大火煮开后改小火煮40分钟，再焖10分钟。

3. 煮后的粥只取上层米汤即可。

🍴 营养功效

此品含有碳水化合物、维生素B_1、蛋白质等，营养丰富，很适合宝宝娇嫩的肠胃吸收。

挂面汤

🥕 原料

挂面50克。

🥣 做法

1. 将挂面尽量压碎。

2. 锅中放入适量清水，水烧开后下入碎挂面，中火煮约15分钟，并将碎面搅打成糊。

3. 将面汤过滤后放至温热即可给宝宝喂食。

🍴 营养功效

此品含有蛋白质和碳水化合物，易于宝宝消化吸收，有增强免疫力、均衡营养的功效。

玉米汁

原料

甜玉米1根。

做法

1. 将玉米洗净，煮熟，凉凉后把玉米粒掰到器皿里。

2. 按照1∶2的比例，将玉米粒和温水一起放到榨汁机里榨汁，搅匀，过滤后即可给宝宝喝。

营养功效

此品富含的谷氨酸能促进脑细胞代谢，有一定的健脑功效。

芹菜汁

原料

芹菜50克。

做法

1. 芹菜洗净，切成小丁。

2. 小奶锅置于火上，放入200毫升的凉水，水烧开后倒入芹菜丁，继续煮2分钟左右，关火。

3. 待芹菜水稍凉后，用纱布过滤后即可给宝宝饮用。

营养功效

此品能促进胃肠蠕动，预防宝宝大便干燥。

黄瓜汁

🥄 原料

黄瓜1/2根。

🥣 做法

1. 黄瓜洗净，去皮，切碎。

2. 用清洁的双层纱布将黄瓜碎包住，把黄瓜汁挤到小碗里。

3. 在黄瓜汁里按1:1加入温水，搅匀后即可给宝宝饮用。

🍴 营养功效

此品具有清热解渴、利尿解毒的功效。

白萝卜汁

🥄 原料

白萝卜50克。

🥣 做法

1. 白萝卜洗净，去皮，切片。

2. 将白萝卜放入锅里，加适量清水，开锅后转小火煮15分钟左右。

3. 滤去渣后，将白萝卜汁喂给宝宝即可。

🍴 营养功效

此品含有多种维生素，有止咳化痰、清热降火的作用，还可以增强宝宝免疫力。

南瓜汁

🥄 原料

南瓜100克。

🥄 做法

1. 南瓜洗净，去皮，切薄片。
2. 将南瓜片装入碗内，放入蒸锅中，上火蒸15～20分钟后关火。
3. 将蒸熟的南瓜放入料理机中，加入适量凉白开搅打成汁，过滤后即可给宝宝饮用。

🍴 营养功效

此品能促进宝宝视力发育，预防宝宝皮肤干燥，还有助于保护宝宝的胃黏膜。

红枣汁

🥄 原料

红枣10枚。

🥄 做法

1. 红枣洗净，用清水浸泡1小时，捞出，放入碗中，倒入没过红枣的清水。
2. 将红枣在蒸锅内隔水蒸制，水开后再蒸20分钟左右，关火。
3. 将红枣水过滤，放温后就可以给宝宝喝了。

🍴 营养功效

此品能补脾、养血，对贫血的宝宝尤其适合。

番茄汁

🥕 原料

番茄1个。

🥣 做法

1. 将成熟的新鲜番茄洗净，用开水烫软后去皮，切碎。
2. 用清洁的双层纱布将番茄碎包好，把番茄汁挤入小碗内。
3. 加入适量温水冲调后即可给宝宝饮用。

🍴 营养功效

此品酸甜可口，能增强宝宝的食欲，改善消化不良。

苹果汁

🥕 原料

苹果1/2个。

🥣 做法

1. 苹果洗净，去皮、去核，切小块。
2. 将苹果块放入榨汁机内，并加入适量凉白开，搅打2分钟即可。
3. 用纱布将果汁过滤后即可给宝宝喝。

🍴 营养功效

此品可以补充宝宝生长发育所需的维生素、铁、锌等多种物质。

营养功效

此品含多种促进宝宝生长发育的营养素，不但能增强宝宝的抗病能力，还具有健脑益智的功效。

苹果胡萝卜汁

原料

胡萝卜、苹果各30克。

做法

1. 胡萝卜、苹果洗净，削皮，切丁，放入锅内加适量清水煮10分钟。

2. 将胡萝卜丁、苹果丁连同煮的水一起放入豆浆机中，接通电源，按下"果蔬汁"启动键，搅打均匀过滤后即可喂食。

梨汁

原料

梨1/2个。

做法

1. 梨洗净，去皮、核，切成小块，放进研磨钵里捣碎。

2. 将梨放进锅内，加约为梨2倍的清水，用小火煮开即关火。

3. 凉温后用纱布过滤后给宝宝饮用。

营养功效

此品能促进食欲、帮助消化，并有利尿通便、解热消暑、清肺润燥的作用。

葡萄汁

🔪 原料

葡萄4颗。

🥄 做法

1. 将葡萄洗净后放到碗里，用开水浸泡2分钟，取出葡萄，去掉果皮和子。
2. 将葡萄放进研磨碗里，用研磨棒捣碎出汁。
3. 用细纱布过滤出葡萄汁，葡萄汁以1:1的方式加入温水，搅匀后即可给宝宝喂食。

🍽 营养功效

此品能益气补血、生津止渴、健脾利尿，还能帮助宝宝排毒、解内热。

橘子汁

🔪 原料

橘子1/2个。

🥄 做法

1. 橘子剥皮，去子，取橘子肉。
2. 将橘子肉用汤匙捣碎。
3. 将橘子肉放到纱布里把汁液挤出，并加入适量温水即可。

🍽 营养功效

此品是宝宝补充维生素C的理想食物，还能帮助咳嗽的宝宝止咳、化痰。

西瓜汁

🥄 原料

西瓜肉50克。

🍳 做法

1. 西瓜肉去子,切小块。
2. 将西瓜块放到纱布里把汁液挤出,以1:1的方式对温水即可。

🍴 营养功效

此品能清热解暑、生津止渴,适合宝宝在夏季饮用。

草莓汁

🥄 原料

鲜草莓4颗。

🍶 调料

盐少许。

🍳 做法

1. 草莓用淡盐水浸泡10分钟,洗净,去蒂,放入小碗中捣碎。
2. 将捣碎的草莓肉放到纱布里把汁液挤出,以1:1的方式对温水即可。

🍴 营养功效

此品能明目养肝,帮助宝宝改善消化不良。

鲜桃汁

🫛 原料

鲜桃子1/2个。

🥄 做法

1. 桃子洗净，去皮、去核，切小块。

2. 将桃子块放入榨汁机内，加入适量温水榨成汁。

3. 用纱布将果汁过滤后即可给宝宝喝。

🍴 营养功效

此品含有较为丰富的铁，对小儿缺铁性贫血有辅助调养作用。

猕猴桃汁

🫛 原料

猕猴桃1/2个。

🥄 做法

1. 猕猴桃洗净，去皮，将果肉切成小丁。

2. 将猕猴桃丁放入榨汁机内，加入适量温水榨成汁。

3. 用纱布将果汁过滤后即可给宝宝喝。

🍴 营养功效

此品富含维生素C，不但能预防宝宝感冒，还可以预防宝宝铅超标。

米粉糊

🥄 原料

婴儿米粉20克。

🥣 做法

1. 将适量米粉放入碗中，按照说明加入温度适宜的开水（一般是60~80℃）。
2. 用勺子或者搅拌棒充分搅拌，搅拌成均匀、细腻的糊状。
3. 用勺子舀起，稍侧勺子，看米粉浓稠度，根据宝宝接受能力再适当调稀或者加浓。放温喂食。

🍴 营养功效

此品富含碳水化合物、铁，能为宝宝补充一定的热量和铁质。

大米糊

🥄 原料

大米20克。

🥣 做法

1. 大米淘洗干净，浸泡2小时。
2. 将大米倒入研磨砵磨成米浆，磨的过程如米浆变干，可加入几滴清水，直至米浆用手指捏感觉细滑即可。
3. 将米浆加入适量清水调稀，倒入奶锅，用小火煮，用勺子不停搅拌，待米浆变成透明胶状即可起锅。

🍴 营养功效

大米健脾和胃，易于宝宝消化且不易引起过敏，是宝宝理想的辅食。

营养功效

此品含有多种维生素、氨基酸和碳水化合物，可以为宝宝补充营养，促进身体发育。

小米糊

原料

小米15克。

做法

1. 将小米洗净，加入清水浸泡15分钟。

2. 将小米倒入料理机中，加少许水，搅拌成细腻的米浆。

3. 将小米浆倒入奶锅中，加入约小米浆8倍的水，小火加热；米浆沸腾后，搅拌速度加快点，约2分钟后关火，盛出即可。

营养功效

此品富含胡萝卜素，有助于增强宝宝的免疫功能。

胡萝卜糊

原料

胡萝卜1/2根。

做法

1. 胡萝卜洗净，去皮，切片，放蒸锅内码匀，蒸至能用筷子穿透即可。

2. 将胡萝卜片取出，盛入碗中，用勺子捣碎。

3. 将胡萝卜碎再放入滤网，用硬勺挤压过滤，即成胡萝卜糊。

油菜米粉糊

🥄 原料

小油菜10克，婴儿米粉20克。

🥄 做法

1. 小油菜洗净，切碎，放入沸水中煮约3分钟后关火。
2. 待汤稍凉后，将油菜汤滤出，加入婴儿米粉中搅匀即可。

🍴 营养功效

此品含有蛋白质、碳水化合物及维生素C等多种营养素，并易于消化，是宝宝很好的辅食选择。

菠菜米糊

🥄 原料

大米20克，菠菜10克。

🥄 做法

1. 大米洗净，浸泡20分钟，用料理机打碎；菠菜洗净，焯水，用刀切碎。
2. 将米浆倒入小奶锅中，加入适量清水，大火烧开后转小火，并用勺子搅拌成糊状。
3. 加入菠菜碎，烧开后关火，继续搅拌直至菠菜与米糊融合成糊即可。

🍴 营养功效

此品富含膳食纤维和多种维生素，可防治宝宝便秘，并能提高宝宝免疫力。

藕粉糊

🥄 原料

藕粉20克。

🥣 做法

1. 将藕粉用凉白开调成糊状。
2. 锅内加水烧开，放入藕粉糊，小火煮，并不断搅动，直至藕粉成透明的糊状即可。

🍴 营养功效

此品富含碳水化合物、钙、磷、铁，具有补血、防腹泻的作用。

山药苹果泥

🥄 原料

山药35克，苹果20克。

🥣 做法

1. 山药洗净，去皮，切块；苹果洗净，去皮、去核，切块。
2. 将山药和苹果上蒸锅蒸熟。
3. 将蒸熟的山药和苹果放入料理机里搅打成糊即可。也可将蒸好的食材放在小碗里直接碾压成糊。

🍴 营养功效

此品能为宝宝补充多种维生素和矿物质，能增强宝宝免疫力、辅治腹泻，并且易于消化吸收。

Chapter 4

7~9个月
宝宝营养餐

这一时期宝宝能吃的辅食越来越多了，味觉也越来越发达，妈妈应给宝宝多品尝些不同食物的味道，这有助于他们长大后不挑食、不偏食。蛋黄和动物性食品在这个阶段可以添加了。

宝宝发育特点

这个阶段的宝宝生长速度较前半年有所减慢，已经开始逐渐萌出牙齿，视力已接近成人，初步具有一些咀嚼能力。本阶段末期，有的宝宝能听懂一些简单的词，有的宝宝已经会爬了。

7~9个月宝宝身体发育

- **身高**

7个月的男宝宝体重7.4~10.3千克，女宝宝6.8~9.8千克；8个月的男宝宝体重7.7~10.7千克，女宝宝7.0~10.2千克；9个月的男宝宝体重8.0~11.0千克，女宝宝7.3~10.5千克。

- **体重**

7个月的男宝宝身高64.8~73.5厘米，女宝宝62.7~71.9厘米；8个月的男宝宝身高66.2~75.0厘米，女宝宝64.0~73.5厘米；9个月的男宝宝身高67.5~76.5厘米，女宝宝65.3~75.0厘米。

- **头围**

7个月的男宝宝头围43.6~46.0厘米，女宝宝41.3~44.9厘米；8个月的男宝宝头围44.0~46.6厘米，女宝宝42.8~45.4厘米；9个月的男宝宝头围44.4~47.0厘米，女宝宝43.2~45.8厘米。

- **囟门**

这个阶段的宝宝，前囟门开始逐渐变小，囟门大小一般在1.5厘米以内（对边中点连线的距离）。

- **其他**

9个月时，大部分的宝宝已长齐2颗下切牙，有的已开始长出2颗上中切牙；这个阶段的宝宝基本上都是夜里睡觉，中间可能会醒来一两次，白天可能还会小睡两三次。

7~9个月宝宝智能发育

- **视觉**

 7个月的宝宝对眼前突然消失的东西会出现寻物的反应；8~9个月的宝宝视力已接近成人，距离感更为精准，在边缘或高处时会很害怕。

- **听觉**

 7~9月的宝宝听觉更加灵敏了，可以寻找下面或侧面的声源，对身边发出的小声响会主动寻找，对室外的车声、说话声、刮风下雨声、小动物的叫声等会表示出关注。

- **动作**

 7个月的宝宝能稳稳当当地坐着了，能伸出一只手去拿玩具，还能自己用带两个把手的杯子喝水；8个月的宝宝会挪动身体来靠近他们够不着的玩具，能够用食指指点物品；9个月的宝宝已经能爬行了，能用拇指、食指捏起小物体，如纸屑、大米粒等。

- **嗅觉和味觉**

 这个阶段是宝宝的嗅觉和味觉极为敏感的时期，可以多让宝宝闻一些味道，多给宝宝品尝一些食物。

- **语言与社交**

 7个月的宝宝处于单纯模仿发音的阶段，能模仿咳嗽声、咂舌声和一些小动物的叫声，照镜子时会对镜中的自己亲吻、微笑、拍打；8个月的宝宝能听懂一些简单的词，被表扬时会笑，被训斥时会不高兴；9个月的宝宝从之前的无意识发音发展到有意识地叫"妈妈""爸爸"，虽然已经可以自己玩得很好，仍然喜欢加入到大人所做的事情中来。

7~9个月是宝宝学习爬行的重要阶段，一定要经过爬行训练再学走路，如果省略掉爬行这个阶段，对宝宝的身心发育来说是无法弥补的缺憾。

宝宝辅食喂养

这个阶段可以给宝宝添加蛋黄了，鱼肉、禽肉、畜肉也可以给宝宝尝试着喂食了，宝宝能吃的辅食越来越多。食物的性状也从稀糊状到泥糊状再到颗粒状过渡着。

7~9个月宝宝的营养需求

营养素名称	需求量（每天）	营养素名称	需求量（每天）
热量	每千克体重95千卡	蛋白质	每千克体重1.5~3克
脂肪	为总热量的35%-40%	维生素A	400微克
维生素C	50毫克	维生素D	10微克
维生素E	3毫克	钙	400毫克
铁	10毫克	锌	8毫克
碘	50微克	硒	20微克

数据来源：《中国居民膳食营养素参考摄入量》

7~9个月宝宝常用辅食的适宜硬度

给7~9个月宝宝制作的辅食要有豆腐那样的软硬度，是稀糊状、泥糊状及颗粒状的。下面以大米、胡萝卜、菠菜、鱼肉为例，示范一下7~9个月宝宝辅食的适宜硬度。

| 大米 | 胡萝卜 | 菠菜 | 鱼肉 |

7个月宝宝的辅食量

谷类（克）	蔬菜（克）	水果（克）	蛋黄（个）	鱼禽畜肉（克）
10～20克	5～10克	5～10克	1/6或1/4	5克
烹调油（克）	水（毫升）	食物性状	奶与辅食比例	每天添加次数
0	200～300	稀糊	7：3	2

8个月宝宝的辅食量

谷类（克）	蔬菜（克）	水果（克）	蛋黄（个）	鱼禽畜肉（克）
20～30克	10～15克	10～15克	1/3或1/2	5～10克
烹调油（克）	水（毫升）	食物性状	奶与辅食比例	每天添加次数
2～3克	250～300	泥糊	6：4	2

9个月宝宝的辅食量

谷类（克）	蔬菜（克）	水果（克）	蛋黄（个）	鱼禽畜肉（克）
30～50克	15～20克	15～20克	1	10～15克
烹调油（克）	水（毫升）	食物性状	奶与辅食比例	每天添加次数
3～5克	250～300	颗粒	5：5	2

制作辅食加烹调油的注意事项

宝宝8个月时，就可以在他们的辅食中加入烹调油了，适量摄入油脂有利于宝宝的生长发育，因为油脂中含有的多种脂肪酸对宝宝的大脑发育有益。妈妈在使用烹调油的时候一定要注意以下几点：

1. 给宝宝制作辅食应选用植物油，不宜用动物油。

2. 给宝宝制作辅食用的骨头汤应是撇净汤面浮油的。

3. 每种植物油所含的脂肪酸比例不一样，对宝宝生长发育的影响也不一样，建议大豆油、玉米油、花生油、橄榄油、核桃油等几种植物油换着给宝宝吃。

4. 制作辅食时加入了坚果或肉类等含油脂的食物，应减少烹调油的用量。

5. 5克植物油的用量相当于家用小瓷勺半勺的量，宝宝辅食要酌情添加。

添加蛋黄的方法

蛋黄是宝宝补充铁较好的食物来源，蛋黄还含有优质蛋白质、卵磷脂、维生素、钙、磷等营养成分，是宝宝必吃的营养食物。在这个阶段，蛋黄作为一种新添加的辅食，应从少量开始添加，给宝宝一个逐渐适应的过程。

● 添加蛋黄的适宜时间

宝宝7个月的时候就可以开始添加蛋黄了，身体弱、胃肠功能差的宝宝也可以再晚一些时间添加蛋黄。

● 蛋黄的添加量

蛋黄可以从1/4的量或者更少的量开始添加，从1/4个蛋黄到1个蛋黄的过渡是在3个月内完成的，基本上是2个星期为一个阶段，让宝宝逐渐适应。

7个月~7个半月	0~1/6个蛋黄
7个半月~8个月	1/6~1/4个蛋黄
8个月~8个半月	1/4~1/2个蛋黄
8个半月~9个月	1/2~3/4个蛋黄
9个月~9个半月	3/4~1个蛋黄

● 蛋黄应该怎么吃

7~9个月，宝宝的食物性状会从稀糊状到泥糊状再到颗粒状，那么蛋黄的质地也应是逐渐变化着过渡的。7个月的宝宝适合喂蛋黄浆，8个月的宝宝适合喂蛋黄泥，9个月的宝宝适合喂蛋黄颗粒。蛋黄颗粒很好操作，就是把煮熟的蛋黄碾碎且不加水；把煮熟的蛋黄碾碎，少加些水调成泥状就是蛋黄泥，多加些水就是蛋黄浆。

鸡蛋冷水下锅，开锅后煮5分钟，熄火闷2分钟，这样煮出的鸡蛋很嫩，蛋黄表面不发灰，宝宝更容易消化吸收。

教宝宝用杯子

一般来说，宝宝满6个月后就可以开始使用杯子了，如果让宝宝 1 岁以后再学着使用杯子，他们很可能会拒绝。

● **宝宝使用杯子的好处**

1. 宝宝在一天天长大，如果一直用奶瓶喝水，容易造成宝宝牙齿错颌畸形，严重者还会使颌骨发育异常。

2. 教宝宝学会自己用杯子喝水，能锻炼宝宝的手眼协调能力和认知能力。

● **训练宝宝用杯子喝水的方法**

最初，妈妈需要准备一个装了半杯凉白开的杯子、两支吸管，妈妈将一支吸管含在自己嘴里，将另一支吸管的一端让宝宝含着，妈妈不断重复吸吮动作，让宝宝模仿，当宝宝意外吸到杯子里的水以后，他们就知道这个动作所带来的结果，从而学会使用吸管喝水。在使用吸管喝水一段时间后，宝宝在看见大人用杯子直接喝水，自己也想学着用杯子喝水或饶有兴味地把玩杯子时，可以拿掉吸管，让宝宝练习直接用杯子喝水。这时妈妈应帮助宝宝握紧装有少量水的杯子，慢慢将杯子里的水一点点送进宝宝口内，宝宝啜一口水，妈妈就停一停，拿开杯子，让宝宝把水咽下。注意要不厌其烦地训练宝宝，还要经常鼓励他们，这样能增强宝宝的自信心，即使做得不好，把水洒得到处都是，也不要批评宝宝。

● **选用合适的杯子**

给宝宝选杯子，安全是首要问题，应选不易打碎的杯子，而且是杯底较厚重、不容易翻倒的那种。一般建议最初挑选塑料杯子比较合适，但一定要注意材质，以免装热水时释放毒素。挑选塑料杯子时，可通过塑料制品底部三角回收标志辨认，注意三角形里的数字，选1、2、4、5的塑料制品较安全，不宜选数字为7的PC塑料制品。

专家指导 一个透明的水杯可能更会引起宝宝的喝水兴趣，因为喝水时他们可以直观地看到杯中的水变少了，会有一些小小的成就感。

给宝宝准备磨牙食品

宝宝7~9个月时，妈妈应该给宝宝准备些磨牙食品，磨牙食品有助于使宝宝长出一口漂亮的小牙，也可缓解宝宝出牙时的不适。

● **准备磨牙食品的必要性**

6个月左右，宝宝的乳牙开始萌出，在乳牙陆续萌出的过程中，宝宝的唾液量会增多，爱流口水，喜欢咬硬的东西，会将手指放入口中或咬妈妈的乳头等。这是萌出前的乳牙压迫牙龈神经引起的异常感觉表现，提示宝宝的乳牙正在努力克服牙龈的覆盖，所以在这个阶段，妈妈应该给宝宝准备些磨牙食品，以帮助宝宝的乳牙萌出，纠正吸吮手指、咬乳头的现象，同时还有助于锻炼宝宝的咀嚼功能。

● **自制磨牙棒**

妈妈可以充分利用身边的食材，给宝宝做磨牙棒，既方便又卫生安全。

红薯干

原料： 红薯1根。

做法：

将红薯洗净，蒸熟，去皮，凉凉，切成条状，放在阳光直射、通风良好的地方晒上一天，放入微波炉高火转3分钟即可。

胡萝卜条

原料： 胡萝卜100克。

做法：

将胡萝卜洗净，去皮，切成10厘米左右的细长条，送入蒸锅隔水蒸至外软内硬的程度即可。

烤馒头片

原料： 馒头1/2个。

做法：

把馒头切成1厘米厚的片，摆在烤盘中，送入烤箱烤至两面微黄、外皮略有一点硬度、里面松软即可。

香菇饼

原料： 干香菇2朵。

做法：

干香菇用清水泡发，洗净，去蒂，用沸水焯一下，取出，沥干水分，凉至温热即可。

● **食用磨牙食品的贴心叮嘱**

将宝宝的小手清洁干净，可以让宝宝自己拿着磨牙食品吃，但妈妈一定要密切关注，宝宝仰卧时不宜让宝宝食用，以免呛入气管；用来磨牙的食品通常是有一定硬度的，不要让宝宝一下子把磨牙食品吞下去，以免卡喉。此外，宝宝在食用磨牙食品时还要适量多喝些水。

可以尝试断掉夜奶

5个月以内的宝宝吃夜奶是因为胃容量小，容易饿，是生长发育的需要，6个月以上的宝宝还吃夜奶就是一种习惯了。妈妈在这个阶段应尝试着给宝宝断掉夜奶。

- **为什么要断夜奶**

夜里宝宝的生长激素分泌最为旺盛，多次醒来会妨碍宝宝长个子；夜里宝宝多次吃奶，会加重胃肠负担，容易引起消化不良。此外，大人在半夜中醒来，生活节奏会被打乱，影响正常作息，容易使免疫力降低。

专家指导 宝宝生病的时候不宜尝试断夜奶，应在病好后两三周再重新尝试断夜奶。因为生病的宝宝对妈妈比较依恋，这个时候断夜奶，不利于宝宝康复。

- **断夜奶的方法**

刚开始给宝宝断夜奶，应将前半夜的喂奶时间尽量推后，最好在23点左右给宝宝喂奶，将夜间1~2点的奶逐渐推后到凌晨4~5点，这个过程需要几天，每天推后30分钟左右即可，逐渐达到要求。当宝宝能在凌晨4~5点吃奶后，再将前半夜23点的奶逐渐提前到前半夜22点左右，这样就成功断掉了宝宝的夜奶。在尝试断夜奶的过程中，如果宝宝夜里醒来不睡要吃奶，可以喂宝宝一些水，让消化系统先适应夜间不补充食物。

在尝试断夜奶的日子里，每晚妈妈都应陪宝宝一起睡，当宝宝夜里醒来哭闹时，妈妈及时安抚，能让宝宝有安全感。

忌给宝宝吃大人咀嚼的食物

有的家长怕宝宝嚼不烂食物，而将食物在自己口中嚼完后喂给宝宝，这样做极不卫生。大人如果患有疾病，如由幽门螺杆菌引起的胃病，就可以通过为宝宝嚼食而把胃病传染给宝宝，如果宝宝感染上幽门螺杆菌，最常见的症状就是反复胃痛。所以，为了宝宝的身体健康，不要给宝宝喂大人咀嚼的食物，一定要让宝宝自己咀嚼食物，不要剥夺宝宝练习咀嚼的机会，否则将不利于宝宝的生长发育。另外，大人嚼过的食物会失去食物原有的色、香、味、形，会降低宝宝的食欲。

不要给宝宝吃大人的饭菜

7～9个月的宝宝不宜吃大人的饭菜，因为宝宝的肠胃还消化不了大人的食物，容易出现腹泻、呕吐等症状。另外，大人的饭菜是含盐的，1岁以内的宝宝不宜摄入盐，对宝宝的肾脏不好。所以，宝宝应吃适合他们自己的辅食，不要因为哭闹想吃大人饭菜就喂给宝宝吃，这样做实际上是对宝宝的一种伤害。一般来说，宝宝1.5岁以后才可以吃部分成人的食物，3岁以后才会逐渐适应成人的食物，家长不要操之过急。

9个月宝宝的辅食别太精细

9个月的宝宝应该添加颗粒状的辅食了，但有些妈妈仍给宝宝吃过多稀糊状或泥糊状等过于精细的食物，认为宝宝与生俱来就有吞咽、咀嚼的能力，时候到了自然就会吞咽和咀嚼，这种观点是完全错误的。9个月的宝宝辅食还过于精细，宝宝的咀嚼能力得不到应有的锻炼，不利于牙齿的萌出和排列。此外，稀糊状或泥糊状的食物不用咀嚼就能咽下，食物不经过咀嚼也就不会产生味觉，不但促进不了宝宝的食欲，而且不利于他们味觉的发育。

严防宝宝食物中毒

食物中毒是指宝宝吃了某些带致病菌或毒素的食物、误食化学有毒物而发生中毒。一般多发生在夏秋季，婴幼儿的发病率较高。

● **宝宝食物中毒的症状**

宝宝发生食物中毒后，一般都会有恶心、呕吐、腹痛、腹泻等症状，大多还伴有发热。如果发生重症食物中毒，在短时间内可出现面色苍白或青紫、出汗、四肢发冷、抽搐等症状。

● **宝宝食物中毒时的急救法**

1. 催吐法

发现宝宝有食物中毒的症状但没有呕吐时，可用筷子、手指或汤匙把等包上软布，压迫宝宝的舌根处，或轻搅宝宝的咽喉部，促使其发生呕吐，把毒物吐出来。

2. 解毒法

宝宝吃了变质的鱼、虾、蟹等引起食物中毒时，可取食醋与水，以1∶2的比例混合在一起，给宝宝一次喝下。

经催吐或解毒后中毒症状未见好转，或中毒症状较重，应及时拨打120急救电话，尽快送往医院进行救治。

催吐时宝宝应处于前倾俯卧位，以防呕吐物反流到气管里，造成气管的异物窒息。

● **预防宝宝食物中毒的注意事项**

1. 不要喂宝宝不常见的野菜和蘑菇。

2. 不要用装过一般药品的用具盛装食物。

3. 不要给宝宝食用变色、变味的食物，即使轻微变色或变味的食物也不能吃。辅食最好现吃现做，尽量不吃上顿剩下的辅食。

4. 给宝宝食用四季豆、芸豆、刀豆等豆类蔬菜时一定要烧熟煮透，严防菜豆引起的食物中毒。

5. 如果宝宝误服强酸强碱性化学液体，不宜给宝宝进行催吐，应马上给宝宝喝些牛奶、豆浆或打散的鸡蛋清，以减轻酸碱性液体对胃肠道的腐蚀。然后将宝宝送医救治。

宝宝辅食食谱

玉米糊

🌶 原料

新鲜玉米粒100克。

🥄 做法

1. 玉米粒洗净。

2. 将玉米粒放入多功能料理机中，按1:1加入凉白开，搅打成汁。

3. 用纱布将玉米汁过滤出来，放在奶锅里，用小火煮成黏稠状即可。

🍴 营养功效

此品可提高宝宝的免疫力，还能增强宝宝的脑细胞活力，有健脑益智的作用。

山药麦片糊

🌶 原料

山药60克，麦片20克。

🥄 做法

1. 山药洗净，去皮，切成小丁，上锅蒸熟至软。

2. 将麦片用开水泡开。

3. 将山药与麦片及泡麦片的水一起放入搅拌机中打成泥糊状即可。

🍴 营养功效

此品富含碳水化合物，能为宝宝提供充足的热量。

胡萝卜蔬菜米糊

🥄 原料

胡萝卜、小白菜、小油菜各15克，婴儿米粉30克。

🥣 做法

1. 小白菜、小油菜洗净，切碎；胡萝卜洗净，去皮，切碎。

2. 将胡萝卜、小白菜、小油菜放入沸水中，煮约2分钟，关火，盛入碗内，加入婴儿米粉搅拌均匀即可。

🍴 营养功效

此品含有丰富的膳食纤维，能帮助宝宝预防便秘和消化不良。

二米南瓜糊

🥄 原料

大米、糯米、南瓜各20克，红枣10克。

🥣 做法

1. 大米、糯米淘洗干净，用水浸泡2小时；南瓜洗净，去皮、去子，切小块；红枣泡软，洗净，去核，切碎。

2. 将所有原料倒入豆浆机中，加适量清水，接通电源，按下"米糊"启动键，20分钟左右米糊即可做好。

🍴 营养功效

此品能健脾养胃，可改善宝宝食欲不振。

香蕉胡萝卜蛋黄糊

🍴 原料

香蕉1/2根，鸡蛋1个，胡萝卜1/2根。

🥄 做法

1. 将香蕉去皮，用汤勺碾压成泥；胡萝卜洗净，去皮，切块，蒸熟后碾压成泥；鸡蛋煮熟，取1/4蛋黄碾压成泥。

2. 把蛋黄泥、香蕉泥、胡萝卜泥混合，用适量温水调成糊，放在奶锅中煮开即可。

🍽️ 营养功效

此品对促进宝宝大脑和神经系统的发育很有好处；其富含的膳食纤维可促进肠道蠕动，帮助宝宝排便。

鱼泥米糊

🍴 原料

婴儿米粉、鱼肉各30克。

🥄 做法

1. 将米粉酌量加温水调为糊状；将鱼肉去骨、刺、皮，剁成泥。

2. 将米糊倒入小奶锅中，大火烧沸约3分钟。

3. 将鱼泥倒入锅中，续煮至鱼泥熟透即可关火，放温后喂给宝宝。

🍽️ 营养功效

此品可健脑，还可满足宝宝对多种营养素和热量的需求。

鱼肉胡萝卜米糊

🥄 原料

鱼肉、胡萝卜各20克，大米40克（或婴儿米粉40克）。

🥢 做法

1. 大米淘净，按照前面的方法（P79页）制成米糊；鱼肉洗净，去刺，蒸熟，压成鱼泥；胡萝卜洗净，去皮，切片，蒸熟，压成胡萝卜泥。

2. 锅至火上，加入少许清水，加入米糊、鱼泥、胡萝卜泥搅拌均匀，用小火煮成糊状即可。

🍴 营养功效

此品能健胃消食，非常适合肠胃不适、食欲不振的宝宝食用。

南瓜蒸蛋

🥄 原料

小南瓜1个，鸡蛋1个。

🥢 做法

1. 小南瓜洗净，切去顶部，盖子留着不要扔，用小勺把里面的子瓤挖空，再挖去一小部分果肉。

2. 鸡蛋取蛋黄，打散，按照2∶1的比例倒入适量温水搅匀，然后用小滤网过滤备用。

3. 将南瓜盖上盖子放入蒸锅，蒸20分钟，关火，打开盖子倒入蛋液，盖上盖子续蒸10分钟左右即可。

🍴 营养功效

此品含有丰富的蛋白质、卵磷脂、钙、磷、铁及维生素A等，有助于增强宝宝的记忆力。

豆腐蛋黄羹

原料

熟蛋黄1/2个，豆腐30克，肉汤适量。

做法

1. 将熟蛋黄研碎；豆腐冲净，放入水中焯烫一下，捞出控去水分，研碎。

2. 将豆腐与蛋黄一起放入锅中，加入滤过油脂和汤渣的肉汤，用小火一边煮一边搅拌为羹状即可。

营养功效

本品含钙丰富，对宝宝牙齿、骨骼的生长发育有促进作用。

黑芝麻山药羹

原料

黑芝麻、山药各50克。

做法

1. 黑芝麻去杂质，洗净晾干，放锅内用小火炒香，研成细粉；山药洗净，去皮，切片，放入干锅中焙干，打成细粉。

2. 锅置火上，加适量清水烧沸，将黑芝麻粉和山药粉缓缓加入，不断搅拌，煮约5分钟即可。

营养功效

此品含铁量丰富，能帮助宝宝预防缺铁性贫血，还具有改善便秘的作用。

苹果麦片粥

原料

苹果1/4个，麦片20克。

做法

1. 苹果洗净，削皮，去核，切小块，放入搅拌机中，加少许水打成泥。
2. 锅内放适量清水，加入麦片与苹果泥，用小火一边煮一边用筷子搅拌，煮至黏稠即可。

营养功效

此品具有开胃、润肺、防治便秘的功效，还能增强宝宝的智力。

奶香香蕉糊

原料

香蕉50克，配方奶粉2勺（约10克）。

做法

1. 香蕉剥皮，碾成泥，放入锅中，加清水边煮边搅拌，煮成香蕉糊。
2. 奶粉冲调好，待香蕉糊微凉后倒入，搅拌均匀即可。

营养功效

此品不但能为宝宝补充热量和蛋白质、钾等营养，还具有润肠通便、清热解毒的作用。

芥蓝鸡肉粥

🥄 原料

大米30克，鸡腿肉、芥蓝各20克。

🥢 做法

1. 鸡腿肉洗净，切成丁，放入开水中焯去血沫，冲净，切碎；芥蓝洗净，切碎；大米淘净。

2. 将大米和鸡腿肉一起放入砂锅中，加适量清水，大火煮沸后转小火煮至肉熟粥稠，加入芥蓝碎搅匀，续煮2分钟即可。

🍴 营养功效

此品富含蛋白质、磷脂、硒、多种维生素，有利于促进宝宝身体发育。且消化率高，营养物质很容易被宝宝吸收利用。

🍴 营养功效

豆腐富含植物蛋白和钙，猪肉和鸡蛋含有丰富的动物蛋白，与大米搭配食用，健脾和胃、补肾养血。

肉蛋豆腐粥

🥄 原料

大米、瘦猪肉各25克，豆腐15克，鸡蛋1个。

🥢 做法

1. 瘦猪肉洗净，剁为泥；豆腐洗净，研碎；鸡蛋取蛋黄，与豆腐碎搅打在一起。

2. 大米洗净，加适量清水，小火煮至大米八成熟时下猪肉泥，煮至肉熟。

3. 将豆腐蛋液倒入肉粥中，大火煮至蛋熟粥烂即可。

蓝莓胡萝卜土豆泥

原料

土豆50克，胡萝卜30克，蓝莓酱6克。

做法

1. 土豆、胡萝卜洗净，去皮，切薄片，上锅蒸熟。
2. 用搅拌机或者研磨钵将土豆、胡萝卜制成泥，加入蓝莓酱搅拌均匀即可。

营养功效

此品富含胡萝卜素和花青素，具有明目护眼的作用。

奶香西蓝花土豆泥

原料

土豆50克，西蓝花20克，配方奶粉2勺（约10克）。

做法

1. 土豆洗净，去皮，切片，蒸熟；西蓝花洗净，掰成小朵，焯熟；配方奶粉按比例冲调好备用。
2. 将土豆和西蓝花趁热放入研磨碗中，用研磨棒捣烂后放在过滤网上，用研磨棒在过滤网上继续研磨过滤成泥。
3. 加入冲调好的配方奶，搅拌均匀即可。

营养功效

此品能增强宝宝肝脏的解毒能力，还可提高宝宝的抗病能力。

鸡汤南瓜泥

原料

鸡胸肉30克，南瓜60克。

做法

1. 将鸡胸肉洗净，剁成小粒，加入一大碗水煮；将南瓜洗净，去皮及子，放锅内蒸熟，用勺子碾成泥。

2. 当鸡汤熬成一小碗的时候，用消过毒的纱布将鸡肉粒过滤掉，将南瓜泥倒入鸡汤中，再稍煮片刻即可。

营养功效

本品具有调节宝宝身体免疫力的作用，能帮助宝宝预防感冒。

胡萝卜鸡肝泥

原料

鸡肝、胡萝卜各30克。

做法

1. 鸡肝清洗干净，用清水浸泡1小时，中间换水数次；胡萝卜洗净，去皮，切小块。

2. 鸡肝凉水下锅，煮熟，捞出凉凉，掰成小块，用勺子压碎。

3. 将胡萝卜煮熟，碾成泥，和鸡肝泥混拌均匀即可。

营养功效

此品能补铁补血、增强免疫力，对宝宝眼睛的发育也很有好处。

三色猪肝末

🥄 原料

小油菜、番茄、胡萝卜、洋葱各10克，猪肝30克。

🥄 做法

1. 猪肝收拾干净，切片后用水煮熟，切碎；小油菜洗净，焯烫后切碎；胡萝卜、番茄洗净，去皮，切碎；洋葱洗净，切碎。

2. 将番茄、胡萝卜、洋葱放入奶锅内，加适量清水，用中火煮开，放入猪肝碎、小油菜碎搅拌均匀即可。

🍴 营养功效

此品含有丰富的铁、维生素A、B族维生素、维生素C等多种营养素，有助于宝宝智力和身体发育。

菠菜猪肝挂面汤

🥄 原料

挂面30克，猪肝、菠菜各20克，虾肉10克，鸡蛋1/2个，肉汤少许。

🥄 做法

1. 猪肝收拾干净，切碎；虾肉洗净，切碎；菠菜洗净，切末；鸡蛋取蛋黄，打散备用。

2. 挂面煮软后切成小段，入锅，加入滤过油脂的肉汤煮开。

3. 将猪肝、虾肉、菠菜同时放入锅内，将蛋液也倒入锅内，煮熟即可。

🍴 营养功效

此品富含维生素A、铁和优质蛋白质，且易消化，适合宝宝食用。

胡萝卜番茄汤

原料

胡萝卜1小根，番茄1/2个。

做法

1. 胡萝卜洗净，去皮，切碎；番茄洗净，去皮，切碎。

2. 锅中放适量清水，烧沸后放入胡萝卜和番茄，用大火煮开后改小火煮至熟透即可。

营养功效

此品富含的胡萝卜素是宝宝不可缺少的营养素，能促进宝宝生长发育，帮助宝宝抵抗传染病。

紫菜蛋花汤

原料

无沙紫菜2克，蛋黄1个，小青菜10克，虾皮适量。

做法

1. 紫菜撕碎；蛋黄打散；小青菜择洗干净，切碎；虾皮洗净，切碎。

2. 炒锅置火上，放少许油烧热，加入适量清水和虾皮，用小火煮片刻，淋入蛋黄液，放小青菜，最后放入紫菜，煮沸即可。

营养功效

此品富含钙、碘等，可帮助宝宝补充碘、铁等营养素，具有益智健脑、壮骨护齿的作用。

鱼肉汤

✍ 原料

三文鱼肉50克。

🥄 做法

1. 三文鱼肉洗净，放入开水中煮熟，取出后剥去鱼皮，将鱼肉研碎，然后用干净的布包起来，挤去水分。

2. 将鱼肉放入锅内，加入适量开水，用筷子不断搅拌，直至将鱼肉煮软即可。

🍽 营养功效

此品富含多不饱和脂肪酸，对宝宝的大脑和视觉发育有很好的促进作用。

牛奶蛋黄米汤

✍ 原料

大米50克，配方奶粉20克，鸡蛋1个。

🥄 做法

1. 大米淘净，放入锅内加入适量清水煮粥，待煮至快熟时，把上面的米汤舀出。

2. 鸡蛋洗净，煮熟，取1/3蛋黄研成泥。

3. 将奶粉冲调好，放入蛋黄、米汤，调匀即可。

🍽 营养功效

本品富含铁、锌、钙、B族维生素，能满足宝宝对辅食营养的需求。

牛奶红薯泥

🥄 原料

红薯50克，配方奶粉20克。

🍲 做法

1. 将红薯洗净，去皮，蒸熟，用筛碗或勺子碾成泥。

2. 奶粉冲调好后倒入红薯泥中，调匀即可

🍴 营养功效

本品能健脾胃、润肠通便，可用于小儿食欲不振、便秘。

鸡肉羹

🥄 原料

鸡胸肉100克，鸡汤250毫升。

🥢 调料

水淀粉适量。

🍲 做法

1. 鸡胸肉洗净，煮熟，剁成肉末。

2. 汤锅置火上，放入鸡汤和鸡肉末煮开，淋入适量水淀粉勾薄芡即可。

🍴 营养功效

本品富含优质蛋白质，能使宝宝身体强壮、体质增强。

Chapter 5

10~12个月
宝宝营养餐

10~12个月的宝宝可以逐步断奶了，断奶期间宝宝的营养要跟上，给宝宝吃的辅食要营养丰富。宝宝10个月时可以尝试吃鸡蛋清了，11~12个月时可以吃整蛋了（世界卫生组织建议，1岁后再给宝宝添加蛋清，以防过敏，因此满周岁再吃蛋清更安全。可根据宝宝实际情况酌情添加）。为了锻炼宝宝的咀嚼能力，12个月时应给宝宝添加全固体食物。

注：本章给出的含鸡蛋的辅食，可根据宝宝实际情况加以调整：若宝宝接受良好，可直接使用全蛋；若宝宝接受不良，可将全蛋换成蛋黄，等宝宝能吃全蛋时再用原食谱。

宝宝发育特点

　　这个阶段的宝宝已处于婴儿期的最后阶段，生长速度不如之前的几个月。体重增长较以前减慢，身高增长较快。满12个月的宝宝虽然走路还不稳，但能独自行走了。

10~12个月宝宝身体发育

- **身高**

　　10个月的男宝宝身高68.7~77.9厘米，女宝宝身高66.5~76.4厘米；11个月的男宝宝身高69.9~79.2厘米，女宝宝身高67.7~77.8厘米；12个月的男宝宝身高71.0~80.5厘米，女宝宝身高68.9~79.2厘米。

- **体重**

　　10个月的男宝宝体重7.4~11.4千克，女宝宝体重6.7~10.9千克；11个月的男宝宝体重7.6~11.7千克，女宝宝体重6.9~11.2千克；12个月的男宝宝体重7.7~12.0千克，女宝宝体重7.0~11.5千克。

- **头围**

　　10个月的男宝宝头围42.9~47.9厘米，女宝宝头围41.5~46.9厘米；11个月的男宝宝头围43.2~48.3厘米，女宝宝头围41.9~47.3厘米；12个月的男宝宝头围43.5~48.6厘米，女宝宝头围42.2~47.6厘米。

- **囟门**

　　10~12个月的宝宝前囟继续缩小，有的已接近闭合。

- **其他**

　　10~12个月的宝宝腹部脂肪厚度在1厘米以上。宝宝12个月时牙齿已萌出6~8颗。

　　这个阶段，多数宝宝的睡眠时间都在不断地变化着，随着年龄的增长而减少，一般每晚可睡10~12小时，白天小睡1~2次。

10～12个月宝宝智能发育

● **视觉**

10～12个月的宝宝，其视线能跟随移动的物体上下左右移动，满12个月的宝宝视力可达0.2。

● **听觉**

这个阶段宝宝有了辨别声音方向的能力，能主动向声源方向转头。

● **动作**

10个月的宝宝坐得很稳，能主动从坐位改为俯卧位，或从俯卧位改为坐位，能自由地爬到想去的地方，扶着东西能站起来，并开始迈步行走，并能用拇指和食指捏起物体；11个月的宝宝能独自站一会儿，扶着椅子等能慢慢走几步，能拉开抽屉，推开较轻的门，或把杯子里的水倒出来；满12个月的宝宝虽然走路还不稳，但能独自行走了，可以准确地把一块积木放在另一块积木上搭成一个"塔"。

● **嗅觉和味觉**

这个阶段的宝宝分辨气味的能力进一步提高，对甜味和咸味会表现出特别的喜好。

● **语言与社交**

有些宝宝在10个月时就能模仿简单的发音，能听懂一些话语，喜欢与人交往，当你说再见时，会向你挥手道别。

11个月的宝宝在大人的引导下会喊爸爸、妈妈、奶奶等，能说出一两个带意思的词，如猫、狗，对简单的问题能通过用手指或用眼睛看的方式做出回答，比如问宝宝："小鸭子在哪里呀？"宝宝能用手指着或者用眼睛看着小鸭子。会用面部表情、简单的语言和动作与成人交流。

12个月的宝宝会用叠词来表达意思，如"饭饭"可能是表达"我要吃饭"，"外外"可能是指"我想出去"。这时的宝宝一般很听话，很讨人喜欢。

10~12个月

宝宝断奶期饮食

这个阶段宝宝的营养需求量与7~9个月基本相同。10~12个月的宝宝可以逐渐断奶了，断奶期间宝宝的辅食要富含营养。这个阶段宝宝所吃的食物性状会从半固体过渡到软固体，最后过渡到全固体。

10~12个月宝宝常用辅食的适宜硬度

- 第10~11个月

给10~11个月宝宝制作辅食时，应将食物切成7毫米大小的方块，食物要有香蕉那样的软硬度。下面以大米、胡萝卜、菠菜、鱼肉为例，示范一下辅食的适宜性状。

| 大米 | 胡萝卜 | 菠菜 | 鱼肉 |

- 第12个月

给满周岁的宝宝制作辅食时，应将食物切成1厘米左右的方块，食物要有肉丸子那样的软硬度。下面以大米、胡萝卜、菠菜、鱼肉为例，示范一下辅食的适宜性状。

| 大米 | 胡萝卜 | 菠菜 | 鱼肉 |

10个月宝宝的辅食量

谷类（克）	蔬菜（克）	水果（克）	鸡蛋（个）	鱼禽畜肉（克）
50~80克	20~30克	20~30克	1/2个整蛋	15~20克
烹调油（克）	水（毫升）	食物性状	奶与辅食比例	每天添加次数
5~8克	300~400	半固体	4：6	2

11个月宝宝的辅食量

谷类（克）	蔬菜（克）	水果（克）	鸡蛋（个）	鱼禽畜肉（克）
80~100克	30~40克	30~40克	1个整蛋	20~30克
烹调油（克）	水（毫升）	食物性状	奶与辅食比例	每天添加次数
8~10克	300~400	软固体	3：7	2

12个月宝宝的辅食量

谷类（克）	蔬菜（克）	水果（克）	鸡蛋（个）	鱼禽畜肉（克）
100~110克	40~50克	40~50克	1个整蛋	30~40克
烹调油（克）	水（毫升）	食物性状	奶与辅食比例	每天添加次数
8~10克	400~600	全固体	2：8	3

不能用水果代替蔬菜

水果和蔬菜的营养价值都比较高，对于宝宝来说二者都不可偏废。不少妈妈认为，每天只要给宝宝吃一些水果，少吃或不吃蔬菜也无妨，其实这是一种误解。

虽然水果和蔬菜的营养成分类似，但从整体来看，水果中碳水化合物、维生素C、有机酸等成分更突出，蔬菜中矿物质含量比水果更丰富；水果中含有的是细纤维，蔬菜中含有的是粗纤维，粗纤维更能锻炼宝宝的咀嚼能力，可使牙齿更坚固，促进宝宝的胃肠蠕动，帮助消化。值得一提的是，在食用肉类等富含蛋白质的食物时搭配吃些蔬菜，能使肉类中的营养吸收更充分。因此，妈妈每天除了适量给宝宝吃些水果外，还要给宝宝吃一定量的蔬菜，不能用水果来代替蔬菜。

宝宝断奶全攻略

一般认为，宝宝10～12个月大时即可逐渐断奶。断奶，割舍不下的不仅仅是宝宝，妈妈同样面临着失落和煎熬。只有科学、合理的断奶，才能让妈妈和宝宝轻松顺利地度过断奶期。

● **过早过晚断奶都不好**

在宝宝还在以奶类为主要食物时过早断奶，会对宝宝的生长发育产生一些不良影响；而如果断奶过晚，宝宝的恋乳心理就越强，不愿吃粥、面食及其他辅食，容易造成消瘦、营养不良、体质差、经常生病等后果，严重的甚至还可影响智力发育。

● **断奶选春秋为宜**

断奶最好在春秋进行，因为在春秋两季里，生活方式和习惯的改变对宝宝的健康影响较小。而夏季是胃肠道疾病盛行的季节，冬季又是呼吸道传染病发生和流行的时候，这些时候进行断奶，改变宝宝的饮食习惯，宝宝容易生病，而生病后又会影响宝宝的食欲，使进食量减少，不利于宝宝的身体健康。

● **不宜快速断奶**

断奶是一个循序渐进的过程，给宝宝断奶不是一天两天就能断得了的，妈妈不能过于心急。有的妈妈在没有任何准备的前提下，给宝宝快速断奶，结果妈妈因乳房胀痛无法坚持，宝宝因依恋母乳不能自拔，最后导致断奶失败。正确的方法是，如果决定断奶，妈妈宜采取逐渐减少喂奶次数的方法，可以提前一两个月每天先给宝宝减掉一顿奶，比如原本一天喂6次奶，可以减少到5次，过一周左右，如果妈妈的乳房不过于充盈，宝宝的消化和吸收也较好，可再减去一顿奶，并增加辅食的摄入量，以这种方式逐渐断奶。

● **这些断奶方式不可取**

1. 宝宝生病了仍坚持断奶

宝宝生病时身体抵抗力差，消化功能不好，身体很虚弱，如果这时候仍然坚持给其断奶，势必会影响宝宝身体的康复，甚至使病情加重。

 专家指导　断奶期间，妈妈应穿比较宽松的衣服或高领上衣，尽可能减少让宝宝关注、触摸乳房的机会。当宝宝看到其他宝宝吃母乳时，要告诉宝宝："你长大了，小宝宝吃妈妈奶，你不吃了。"

2. 母子分离

有的妈妈为了给宝宝断奶，将宝宝送到娘家或婆家，长时间的母子分离会让宝宝缺乏安全感，对母乳依赖较强的宝宝，会因为看不到妈妈而不愿吃东西，甚至还会生病。奶没断好，还影响了宝宝身体和心理的健康，实在得不偿失。

处于断奶期的宝宝需要妈妈更多的关爱、更多的身体抚慰。

3. 往乳头上涂刺激物

在乳头上涂辣椒水、万金油或黄连之类的刺激物，要知道这些刺激性物质会对宝宝的口腔黏膜造成伤害，更会让宝宝感觉受到欺骗，容易对妈妈产生不信任感，引起宝宝的愤怒和焦虑。

● **断奶期间让宝宝吃好**

10～12个月的宝宝各方面的生长发育仍然非常迅速，营养需求高，加上处于断奶过程，应该更注意保证各种营养素及热量的供应。妈妈在选择辅食时要适量多添加鸡蛋黄、鱼肉、瘦肉等营养价值较高的食物，膳食尽可能做到平衡，即品种多样化、粗细、荤素、干稀合理搭配，以保证宝宝的营养跟得上。此外，断奶不是完全不让宝宝喝奶，而是将奶类为主食改为以普通食物制作的三餐为主食，断奶后的宝宝也应该每天喝400~600毫升的奶，首选配方奶，因为配方奶粉是根据婴幼儿成长发育所需配制的，断奶期间给宝宝喝些配方奶，有助于宝宝摄入全面、均衡且充足的营养。

合理烹调，留住营养

为了能给宝宝提供充足的生长发育所需的营养，妈妈应掌握正确的烹调方法，最大程度地保留食物中的营养，给宝宝烹调出富含营养的辅食。

- **米面的合理烹调**

米类食物烹调前不宜过多淘洗，淘洗时不宜用力搓米，淘米之后不应浸泡，如已浸泡，则应将泡米水和米一同下锅。另外，用米煮粥不宜加碱，否则会损失米中的B族维生素。

面类食物用蒸和烤的方法烹调营养素损失最少，其次是水煮，而用高温油炸后会使面中的B族维生素等损失过半。

- **蔬菜的合理烹调**

清洗蔬菜时不宜用水长时间浸泡，会损失水溶性维生素、矿物质；蔬菜宜先洗后切，以免营养素从切口处流失；蔬菜用大火快炒，能减少维生素的损失；蔬菜最好现做现吃，避免反复加热或吃剩菜，避免营养素随储存时间延长而丢失。

- **肉类食物的合理烹调**

动物性食物炒食、蒸食，营养素损失较少；红烧、清炖、煮，维生素损失较多，但可使水溶性维生素和矿物质溶于汤汁中，因此食用时要连汤带汁一起吃掉；油炸会损失肉中的大量维生素，但如果在肉表面挂上面糊，就可以减少维生素的损失。

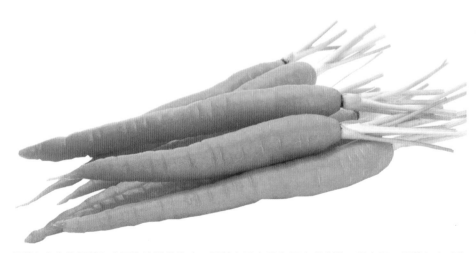

胡萝卜富含的胡萝卜素是脂溶性维生素，胡萝卜只有和食用油或肉类一起烹调，胡萝卜素才能充分被宝宝吸收。

给宝宝自制天然的调味品

1岁以内的宝宝不宜在辅食中添加盐、味精等调味品。其实，不添加调味品也能让宝宝的辅食很美味，秘密武器就是用天然食材自制出天然调味品。

香菇粉

原料： 干香菇10朵。

做法：

干香菇不宜水洗，应用纸巾擦干净表面的浮灰，掰成小块儿，放入搅拌器的干磨杯中打碎成粉末状，放入密封瓶中保存即可。

无盐虾皮粉

原料： 无盐干虾皮100克。

做法：

将无盐干虾皮去除杂质，放入搅拌器的干磨杯中打碎成粉末状，放入密封瓶中。不宜长时间保存，一般密封冷冻3个月，密封冷藏不要超过1个月。

紫菜粉

原料： 干紫菜50克。

做法：

干紫菜用干净的剪刀剪成小片，放入搅拌器的干磨杯中打碎成粉末状，装进密封瓶中，放在干燥的地方保存。

小鱼干粉

原料： 无盐小鱼干150克。

做法：

将无盐小鱼干去头、内脏和腹中的黑膜，放入搅拌器的干磨杯中打碎成粉末状，放入密封瓶中保存即可。

上述做好的天然调味料，在给宝宝烹调辅食时可以加入2~3克（即半勺），炒菜、拌馅、煮汤拿来调味都很不错！

专家指导

1岁以后，宝宝可逐渐少量地吃醋。在烹调时加些醋，可起到生津开胃、促进消化的作用，还可以帮助宝宝提高胃肠道的杀菌能力。另外，在烹调肉类食物时加几滴醋，可提高肉类食物中的营养吸收率。一般来说，给宝宝宜选用酿造醋，如陈醋。

给宝宝适量吃些粗粮

粗粮含有比细粮更多的营养物质，给宝宝适量吃些粗粮，能帮助宝宝获取更均衡的营养。

● **什么是粗粮**

我国将粮食人为分为细粮和粗粮。大米、白面等加工后的成品粮被称为细粮，其他的统称为粗粮，粗粮主要包括：

谷物类：小米、玉米、黑米、燕麦、荞麦、高粱米、麦麸等。

杂豆类：黄豆、黑豆、青豆、豌豆、蚕豆、红豆、绿豆等。

块茎类：土豆、山药、红薯、芋头等。

● **粗粮细做的要点**

粗粮口感粗糙，容易遭到一些宝宝的排斥，将粗粮细做，宝宝一般都会欣然接受。食用已磨成粉的粗粮，可以在其中加些面粉、鸡蛋、牛奶或酵母，能使制成的粗粮制品口感更柔软、细腻；如果食用米类的粗粮，可以加些大米煮成粥，口感会香糯滑润、厚薄均匀，更易于宝宝吞咽。

● **粗粮对宝宝的好处**

粗粮含有丰富的膳食纤维，能帮助宝宝排毒、缓解便秘，预防小儿肥胖和小儿糖尿病，还能促进宝宝咀嚼肌和牙床的发育，有益牙齿健康。

● **最适合宝宝吃的粗粮**

玉米　　　　　　　红薯　　　　　　　小米

黄豆　　　　　　　山药　　　　　　　绿豆

注：最好1岁以后再吃整粒黄豆

宝宝食物卡喉的家庭急救法

宝宝自己抓取食物食入不当或大人喂食不慎，均会引起食物卡喉。容易出现卡喉的食材有花生米、果冻、果核、骨头等，在给宝宝喂食时一定要特别注意。家长应掌握一些食物卡喉的急救知识，采取合理的急救，有助于帮宝宝化险为夷。

● **很管用的海姆立克急救法**

"海姆立克急救法"是一种专门对付食物卡喉的急救方法。适合小宝宝的急救方法是：救护人取坐位，让卡喉的宝宝骑在救护人的大腿上，面朝救护人，救护人用双手的中指或食指放在患儿胸廓下和脐上的腹部，动作轻柔地快速向后上方重击压迫，重复此动作直至异物排出。这个急救法的原理是利用肺部残留气体形成气流冲出异物。

● **1岁以内宝宝食物卡喉的急救法**

1岁以内的宝宝发生食物卡喉时，家长中应有一个人马上倒提宝宝的双腿，让宝宝头朝下，另一个人同时用空心拳轻拍宝宝的背部。这样做能通过异物的自身重力和宝宝呛咳时胸腔内气体的冲力，迫使异物向外咳出。

● **鱼刺卡喉的急救方法**

如果鱼刺较小且位置比较浅，可以让宝宝做咳嗽的动作，利用气管冲出来的气流将鱼刺带出。如果用此法没能将鱼刺吐出来，应让宝宝张大嘴，压住舌头，不停地发"啊"的音，用手电筒向里照亮。如果发现了鱼刺，可用镊子或筷子夹住拔出；如果自行无法取出，应及时去医院诊治。

专家指导　不宜给未满3岁的宝宝吃硬壳类的食物；不要在宝宝哭闹时喂食，宝宝嘴里有食物时，不要让他们跑动、嬉笑；家长应避开会给宝宝带来危险的一切异物，比如硬币、气球、弹珠、果冻等。

宝宝辅食食谱

牛肉粥

🫛 原料

大米粥30克，牛肉20克，胡萝卜、洋葱各10克。

🥄 做法

1. 牛肉洗净，切末；胡萝卜、洋葱洗净，去皮，切末。

2. 锅加热，下入胡萝卜末、洋葱末煸炒至变软，盛起。

3. 将大米粥入锅，加入胡萝卜末、洋葱末，开锅后下入牛肉末，煮到牛肉末熟即可。

🍴 营养功效

宝宝食用此粥可健脾胃、补气血、强筋骨。

苹果鸡肉粥

🫛 原料

大米50克，鸡胸肉30克，苹果1/2个。

🥄 做法

1. 大米淘净；鸡胸肉洗净，剁成末；苹果洗净，去皮、去核，切小丁。

2. 将大米放入奶锅中，加适量清水，用大火烧开后改用小火熬成粥，加入鸡肉末，继续用小火熬5~10分钟，加入苹果丁，继续煮开即可。

🍴 营养功效

此品营养丰富，具有健脾和胃的功效，易于宝宝消化吸收。

香菇瘦肉粥

原料

大米粥50克，鲜香菇、猪瘦肉各20克，泡发木耳、生菜各10克。

做法

1. 香菇、猪瘦肉、泡发木耳、生菜洗净，均切丝。
2. 将大米粥放入奶锅中，再次煮开时加入香菇、猪瘦肉熬出香味后，放入木耳、生菜稍煮片刻即可。

营养功效

此品能增强宝宝的免疫力，对预防感冒病毒也有良好的效果。

鸡肉青菜粥

原料

大米50克，鸡胸肉、水发木耳、小白菜叶各20克。

做法

1. 鸡胸肉洗净，切小丁；水发木耳、小白菜叶洗净，切碎；大米淘净。
2. 将大米、鸡胸肉、水发木耳一起放入奶锅中，加适量清水煮粥，煮至肉熟粥稠、大米开花时，加入小白菜叶续煮1分钟即可。

营养功效

此品可增强宝宝的体质，能让宝宝的身体更强壮。

莲藕玉米肉末粥

原料

莲藕、玉米、猪瘦肉、胡萝卜各20克，大米50克。

调料

香油少许。

做法

1. 莲藕、胡萝卜洗净，去皮，切碎丁；玉米粒、大米淘净；猪瘦肉洗净，切末。

2. 大米入锅内，加适量清水煮粥，煮开后转中小火煮10分钟，放入除大米以外的所有原料，续煮约15分钟，加香油调味即可。

营养功效

此品能清热解燥，对防治秋燥有较好效果，适合宝宝在秋季食用。

什锦猪肉碎

原料

猪瘦肉20克，番茄1/4个，胡萝卜、柿子椒各10克。

做法

1. 番茄、胡萝卜洗净，去皮，切碎末；柿子椒洗净，切碎末；猪瘦肉洗净，切末。

2. 将肉末、胡萝卜碎、柿子椒碎一起放入锅内，加适量水煮至肉软，再加入番茄碎煮至所有食材软烂即可。

营养功效

此品富含蛋白质、铁和胡萝卜素，在给宝宝补充营养的同时，还具有生津开胃的作用。

虾末菜花

🥢 原料

菜花40克，鲜虾2只。

🥄 做法

1. 菜花洗净，放入开水中煮软，捞出切碎。

2. 将鲜虾洗净，放入开水中焯煮，捞出剥皮，切碎，倒在菜花碎上即可。

🍴 营养功效

此品能增强宝宝肝脏的解毒能力，补钙补碘，而且有提高机体免疫力的作用。

鸡肉菠菜面

🥢 原料

挂面40克，鸡胸肉15克，胡萝卜30克，菠菜20克。

🥄 做法

1. 锅中加清水，下挂面，煮熟后捞出备用。

2. 鸡胸肉洗净，剁碎；胡萝卜洗净，去皮，切碎；菠菜洗净，焯水后切碎。

3. 锅中加水烧沸，放入鸡肉碎和胡萝卜碎，快煮熟时放入菠菜碎和煮好的挂面，再续煮2分钟即可。

🍴 营养功效

这是一款富含蛋白质、胡萝卜素、维生素C的营养美味面，具有强身、健体、益智功效。

紫薯银耳雪梨汤

🥄 原料

紫薯30克，雪梨50克，银耳5克。

🥄 做法

1. 银耳用温水泡发，去蒂，撕成碎片；紫薯洗净，去皮，切小块；雪梨洗净，去皮、去核，切小块。

2. 将紫薯、雪梨、银耳放入锅中，加适量清水，大火烧开后转中火煮约20分钟即可。

🍴 营养功效

此品富含花青素、多种维生素、蛋白质及多种矿物质，具有润肺、通便的功效，适合咳嗽、便秘的宝宝食用。

番茄面包鸡蛋汤

🥄 原料

番茄1/2个，鸡蛋1个，面包2/3个。

🥄 做法

1. 番茄洗净，去皮，切小块；鸡蛋磕破，打散备用。

2. 将番茄放入奶锅中，加适量清水煮开后，将面包撕成小粒加入锅中，转中小火煮3分钟，再将鸡蛋加入锅中，续煮2分钟，煮至面包软烂即可。

🍴 营养功效

此品能为宝宝提供丰富的碳水化合物、多种维生素、蛋白质以及多种微量元素，对宝宝身体发育很有好处。

胡萝卜香菇炖鸡

原料

洋葱1/2个，鸡胸肉30克，胡萝卜1/2根，鲜香菇1朵。

做法

1. 洋葱洗净，去老皮，切碎；鸡胸肉、香菇洗净，切丁；胡萝卜洗净，去皮，切丁。
2. 油锅烧热，放入洋葱和鸡胸肉略翻炒，加入胡萝卜、香菇和适量清水，充分翻拌后用小火炖约25分钟即可。

营养功效

此品富含蛋白质、铁、锌、维生素A等营养物质，对宝宝营养不良有很好的食疗作用。

太阳豆腐

原料

豆腐30克，鹌鹑蛋1个，胡萝卜1/2根。

调料

水淀粉少许。

做法

1. 豆腐洗净，放入盘中，用勺子剜一小坑，把鹌鹑蛋打入小坑中；胡萝卜洗净，去皮，切小丁，放在豆腐四周。将豆腐放入蒸锅，水开后蒸10分钟取出。
2. 油锅烧热，用水淀粉勾芡后淋在盘中即可。

营养功效

此品富含优质蛋白质和钙，利于宝宝骨骼发育。

海苔蒸鸡蛋

🥕 原料

鸡蛋1个，海苔2片。

🥄 做法

1. 将鸡蛋磕破打散，加适量温水搅匀；海苔剪碎。
2. 用滤网将蛋液过滤到蒸碗中，放入海苔碎搅匀。
3. 将盛有鸡蛋液的蒸碗放到上汽的蒸锅中，用中火蒸10分钟左右至凝固即可。

🐭 营养功效

此品富含铁、锌、蛋白质、碘等营养物质，能帮助宝宝预防贫血、改善食欲不振。

🐭 营养功效

本品富含维生素、蛋白质及多种微量元素，且入口软滑，非常适合宝宝吃。

肉末青菜面

🥕 原料

龙须面、青菜、猪瘦肉各30克。

🥄 做法

1. 青菜洗净，切碎；猪肉洗净，剁成末；龙须面煮熟备用。
2. 锅中加油烧热，将猪肉末倒入翻炒，炒至肉末变白后把青菜碎倒入翻炒，加入适量清水。
3. 待锅中水烧开后放入面，略煮即可。

豆腐软饭

🥄 原料

豆腐、大米各30克，紫菜4克，胡萝卜1/2根，芹菜1根。

🥢 做法

1. 将豆腐切成小块；胡萝卜洗净，去皮，切碎；芹菜洗净，切碎；大米淘洗干净。

2. 将除了紫菜以外的所有材料放入焖饭锅内，加入适量清水按常法煮饭，饭熟后加紫菜碎搅拌即可。

🍴 营养功效

此品具有清热润燥的功效，特别适合体质燥热的宝宝食用。

三色软饭

🥄 原料

西蓝花、南瓜、鸡肉各20克，软饭50克。

💡 调料

香油、醋各少许。

🥢 做法

1. 西蓝花洗净，掰成小朵，入沸水焯烫一下捞出；南瓜洗净，去皮，切小丁；鸡肉洗净，切薄片，焯烫后捞出撕碎或切碎。

2. 把包括软饭在内的所有食物装盘，淋上香油、醋，入蒸锅蒸熟即可。

🍴 营养功效

此品具有促进宝宝生长、保护视力、提高记忆力等多种功效。

黄花菜虾仁龙须面

原料

黄花菜10克，虾仁10克，龙须面50克。

做法

1. 黄花菜泡发，洗净，切碎；虾仁洗净，切碎。

2. 水锅置火上，烧沸后放入虾仁、黄花菜、龙须面，用中火煮熟即可。

营养功效

本品营养丰富，能帮助宝宝补充蛋白质、钙等营养素，还具有健脑的作用。

营养鱼松

原料

鱼肉（以选用刺少肉多的鱼类为佳）100克。

做法

1. 鱼肉洗净，放蒸锅内蒸熟，去骨、去皮、去刺。

2. 炒锅放油，小火加热，把鱼肉倒入锅内翻炒，待鱼肉香酥时再翻炒几下即成鱼松。

营养功效

本品含钙量丰富，是宝宝的补钙佳品。

胡萝卜鲜虾饺

原料

面粉60克，胡萝卜100克，虾肉50克，豆腐20克，紫菜1小片。

做法

1. 豆腐冲净，捻碎；胡萝卜洗净，去皮，一部分胡萝卜榨汁，一部分胡萝卜切丝；虾肉洗净，剁成泥；将胡萝卜丝、虾泥、豆腐碎混合拌匀成馅；紫菜撕碎。
2. 将面粉加胡萝卜汁和成面团，搓成长条，做成小剂子，擀成饺皮，包入馅，下沸水煮熟，盛碗时撒入紫菜碎即可。

营养功效

此品富含蛋白质、钙、铁、锌等营养物质，特别适合身体虚弱的宝宝食用。

小蛋饺

原料

鸡蛋1个，鸡胸肉、小油菜各30克。

做法

1. 鸡胸肉、小油菜洗净，切成末；鸡蛋打散。
2. 油锅烧热，放入鸡肉末和小油菜末炒熟，盛出。
3. 另起油锅，将鸡蛋液倒入摊成蛋皮；将炒好的鸡胸肉、小油菜放在蛋皮的一侧，另一侧对折，翻面再煎一煎即可。

营养功效

鸡蛋和鸡胸肉富含蛋白质、锌，小油菜富含维生素K、胡萝卜素，本品具有强体、健脑、提高免疫力的作用。

鸡蛋小馒头

🥜 原料

面粉60克，配方奶粉2勺，鸡蛋1个，酵母适量。

🖌 做法

1. 将面粉与酵母、奶粉混合在一起，加入鸡蛋和适量清水揉匀，醒30分钟左右。
2. 将面团分成若干小剂，并揉成小馒头。
3. 将小馒头放入上汽的笼屉蒸15分钟左右即可。

营养功效

面粉经发酵制成馒头，宝宝更容易消化吸收，有利于保护胃肠道。

虾仁胡萝卜豆腐羹

🥜 原料

北豆腐50克，胡萝卜20克，基围虾2只。

🧂 调料

白糖适量。

🖌 做法

1. 虾洗净，去头、壳和虾线，剁成虾泥；胡萝卜洗净，去皮，切成细末。
2. 锅中水烧开，放入豆腐，边煮边压成泥。
3. 豆腐汤煮开后，放入胡萝卜末、虾泥煮熟即可。

营养功效

本品能帮助宝宝补钙，宝宝常吃还能健脑、明目。

红薯饼

原料

红薯100克，面粉20克。

做法

1. 红薯洗净，上蒸锅蒸熟，去皮后用勺子捣碎成泥，加入适量温水和面粉揉匀。

2. 取适量红薯面团用双手揉搓成小丸子，再用手掌按压成小圆饼。

3. 平底锅放少许油，将小圆饼放入，煎至两面略呈黄色即可。

营养功效

此品富含碳水化合物和膳食纤维，能为宝宝提供充足的热量，可作为主食食用。同时具有润肠通便的作用。

苹果白萝卜汁

原料

苹果50克，白萝卜20克。

做法

1. 苹果洗净，去皮、去核，切小块；白萝卜洗净，去皮，切小块。

2. 将上述食材放入豆浆机中，加凉白开没过食材，接通电源，按下"果蔬汁"启动键，搅打均匀后过滤即可。

营养功效

本品能益肝和胃、清热润肺、顺气化痰，可预防感冒、缓解消化不良。

面疙瘩汤

原料

面粉50克，小白菜20克，鸡蛋1个。

调料

香油少许。

做法

1. 面粉倒入盆中，加少许水搅拌成小面疙瘩；小白菜洗净，切碎；鸡蛋打散。
2. 锅置火上，倒入适量清水烧开，下入小面疙瘩煮熟，加小白菜碎煮3分钟，淋入蛋液，滴入香油调味即可。

营养功效

本品富含蛋白质、维生素和碳水化合物，能为宝宝补充全面而均衡的营养。

炒龙须面

原料

龙须面20克，大虾1只，胡萝卜、小油菜各20克。

做法

1. 龙须面煮熟，夹成小段；大虾洗净，去壳、去虾线，切碎；胡萝卜洗净，去皮，切碎；小油菜洗净，切碎。
2. 油锅烧热，放入胡萝卜碎、虾碎，待虾变色后加入小油菜碎，翻炒1分钟后加入龙须面，翻拌均匀即可。

营养功效

此品富含钙、胡萝卜素，可增强宝宝记忆力、强壮骨骼。

Chapter 6

1~2岁
各类营养餐大补充

宝宝1岁以后进入了断奶结束期，主食逐渐从以奶类为主转向以混合食物为主。这个阶段，爸爸妈妈要对宝宝的饮食进行多样化的营养搭配，注意膳食的营养均衡，以满足宝宝成长和大脑发育的需要。

宝宝发育特点

　　1岁以后的宝宝体重增长速度相对减慢，身高增长还是较快。1～2岁的宝宝走路比较稳当了，满2岁时与成人交流已基本没有困难。这时的宝宝从外表到心理，都已具备幼儿的特征，不再是从前那个粉嘟嘟的婴儿了。

1～2岁宝宝身体发育

* **身高**

　　满15个月时，男宝宝身高平均79.8厘米，女宝宝身高平均78.5厘米；满18个月时，男宝宝身高平均82.7厘米，女宝宝身高平均81.5厘米；满21个月时，男宝宝身高平均85.6厘米，女宝宝身高平均84.4厘米；满24个月时，男宝宝身高平均88.5厘米，女宝宝身高平均87.2厘米。

* **体重**

　　满15个月时，男宝宝体重平均10.7千克，女宝宝体重平均10.0千克；满18个月时，男宝宝体重平均11.3千克，女宝宝体重平均10.7千克；满21个月时，男宝宝体重平均11.9千克，女宝宝体重平均11.3千克；满24个月时，男宝宝体重平均12.5千克，女宝宝体重平均11.9千克。

* **头围**

　　满2岁的男宝宝头围为45.5～51.0厘米；满2岁的女宝宝头围为44.4～50.0厘米。

* **囟门**

　　大多数宝宝在1.5岁左右前囟门会闭合。

* **其他**

　　宝宝满周岁时，一般会长出8颗门牙（上下各4颗），1.5～2岁时，上下就各有8颗牙了。1～2岁的宝宝一般每天需要13～14个小时的睡眠，白天睡1～2次，每次1～1.5个小时，夜里至少保持10个小时的睡眠。

1～2岁宝宝智能发育

- 视觉

宝宝1岁以后，能够认识多种颜色，喜欢看图画书，还能辨别简单的几何形状，如圆形、方形等。快满2岁时，能注视3米远的小玩具，并能看见细小的东西，如小虫、蚊子等。

- 听觉

宝宝1岁左右，已经拥有比较成熟的听觉区分能力了，能配合声音指令做出正确的动作，例如爸爸问"耳朵呢？"，宝宝可以正确指出耳朵的位置。

- 动作

宝宝满15个月时，能在平地上走得很好，而且喜欢爬台阶，下台阶时知道用一只手扶着下；双手能端起自己的小碗，会自己拿勺子吃饭，还会用一只手拿着奶瓶喝奶、喝水。16～18个月的宝宝走路更稳，有时还想跑，并能用食指、拇指、中指熟练地抓握物体。19～21个月的宝宝能将玩具箱内的各种玩具取出来再放回去，在玩具掉到家具底下时，懂得使用棍子等工具把玩具弄出来。22～24个月的宝宝已经能跑能跳了，会熟练地拧紧或拧开瓶盖。

- 语言与社交

13～15个月的宝宝能简单地说几个词，比如"你好""谢谢""再见"等。和小朋友在一起时总是各玩各的，相互之间缺乏交流。

16～18个月的宝宝能听懂简单对话，会对日常生活中一些常见的事物进行命名，如把小猫叫"喵喵"、把拨浪鼓叫"咚咚"等。宝宝容易表现得很自私，食物和玩具都不喜欢和别人分享，甚至会做出攻击性的行为。

19～21个月的宝宝会说简单的句子了，比如"我来了！""妈妈呢？"。家人命令他去做什么，他完全能听懂并且去做。与亲近的人关系很和谐，但跟陌生人就显得很生疏。

宝宝满24个月时口语词汇量突飞猛进，大约已掌握了300个词，会使用否定的表达方式，例如用"不睡""不吃""不要"等，与成人交流已基本没有困难，也开始提出更多的要求和问题。见到不同的人会打招呼，会说出自己几岁。

健脾养胃营养餐

乌梅山楂汤

原料

乌梅10克，鲜山楂4个。

调料

冰糖适量。

做法

1. 乌梅洗净；鲜山楂洗净，去蒂，切开，除子。

2. 锅置火上，倒入适量清水，放入乌梅、山楂大火烧开，转小火煮30分钟，加冰糖煮至化开，滤出汤汁饮用即可。

营养功效

此汤具有开胃消食的作用，可有效调理宝宝油腻食物、肉类食物吃多了引起的胃火。

牛奶银耳木瓜汤

原料

牛奶100毫升，银耳5克，木瓜50克。

调料

冰糖适量。

做法

1. 银耳泡发，去蒂，洗净，撕碎；木瓜去皮除子，洗净，切碎块。

2. 将木瓜、银耳放入锅中，加适量清水，大火烧开后转小火煮约20分钟；加冰糖煮至化开，离火，凉温，淋入牛奶搅拌均匀即可。

营养功效

此汤能健脾胃、润肠燥，可用于宝宝胃痛、食欲不佳等的调养。

营养功效

这道汤能温胃健脾，尤其适合食欲不振、消化不良的宝宝食用。

菠菜猪肚粉丝汤

原料

菠菜、熟猪肚各80克，粉丝10克。

调料

葱末、姜末、盐各少许。

做法

1. 菠菜择洗干净，焯水，切小段；熟猪肚切条。
2. 油锅烧热，炒香葱末、姜末，放入水烧开，下入猪肚和粉丝煮5分钟；放入菠菜，加盐调味即可。

营养功效

本品能和胃调中、健脾益气，是调养宝宝脾胃的好食物。

白玉土豆糕

原料

土豆、鸡蛋清各1个，面粉 30克，酵母少许。

调料

白糖适量。

做法

1. 土豆洗净，去皮，蒸熟，碾压成泥；面粉装盘，入锅蒸熟。
2. 将鸡蛋清加白糖搅打，加入熟面粉、酵母、土豆泥一起搅拌均匀，倒入方形的模具中，放入笼屉内，上汽后蒸15分钟，取出切块即可。

高粱小米莲子粥

🥄 原料

高粱米20克，小米30克，莲子10克。

🍚 做法

1. 莲子、高粱米、小米洗净，浸泡2小时，莲子去心。

2. 将莲子、高粱米、小米倒入锅里，加入适量清水，用大火煮沸约5分钟后改中火煮30分钟，再用小火继续煮30分钟即可。

🍴 营养功效

此粥能补脾胃，对宝宝反胃、脾胃功能欠佳具有调理作用。

土豆山药泥

🥄 原料

土豆、山药各50克。

🍚 调料

盐、香油各少许。

🍚 做法

1. 土豆、山药分别洗净，入锅中蒸熟，取出撕去外皮。

2. 将土豆、山药放入大碗中，碾压成泥，调入盐和香油即可。

🍴 营养功效

此品能健脾益气，适合身体虚弱、食欲不振、久痢泄泻等脾胃功能不好的宝宝食用。

玉米红枣粥

原料

玉米糁20克，大米50克，红枣2枚。

做法

1. 玉米糁、大米分别洗净；红枣洗净，去核，切碎。

2. 将玉米糁、大米、红枣一起放入锅内，加清水适量，小火煮成烂粥即可。

营养功效

此粥能健脾胃、补气血，适合病后体弱体虚、食少便秘的宝宝食用。

芡实瘦肉粥

原料

大米60克，芡实10克，猪瘦肉30克。

调料

米酒、酱油、淀粉、盐各少许。

做法

1. 大米、芡实洗净，分别浸泡30分钟；猪瘦肉洗净，切丝，用米酒、酱油、淀粉腌5分钟。

2. 将芡实、大米入锅，加适量清水煮成粥，加入瘦肉丝煮熟，入盐调味即可。

营养功效

此粥能补中益气、健脾开胃，具有补虚、缓泻的作用。

薏米红豆豆浆

🫛 原料

红豆40克，薏米50克。

🥄 做法

1. 红豆用水浸泡4~6小时，洗净；薏米用水浸泡2小时，洗净。

2. 将薏米、红豆放入豆浆机中，加水到机体水位线间，接通电源，按下"五谷豆浆"启动键，20分钟左右豆浆即可做好。

🍴 营养功效

夏季天气潮湿，湿气伤脾，常给宝宝食用此品能清热利湿、健脾和胃。

清炒南瓜丝

🫛 原料

南瓜150克，青、红甜椒各1/2个。

💡 调料

葱末、蒜末、盐各少许。

🥄 做法

1. 南瓜去皮，除瓤和子，洗净，切细丝；青、红甜椒洗净，去蒂，除子，切丝。

2. 油锅烧热，炒香葱末，放入南瓜丝翻炒均匀，加少许清水，翻炒至南瓜丝熟软，加甜椒丝略炒，加盐、蒜末调味即可。

🍴 营养功效

此品富含维生素C、胡萝卜素，具有补气、开胃、健脾的作用。

營养功效

宝宝食用此菜能健脾益胃，改善食欲不振、呕吐、腹泻等脾胃虚弱的症状。

豆角烧平菇

原料

豆角60克，平菇40克，五花肉20克。

调料

葱末、姜末、盐各少许。

做法

1. 豆角择洗干净，掰成小段；平菇去根，洗净，焯水，撕小片；五花肉洗净，切小薄片。

2. 油锅烧热，放入五花肉煸至色泽金黄，下入葱末、姜末炒香后，加入豆角和平菇，加适量清水烧至豆角熟透，加盐调味即可。

鱼肉芋头饼

原料

三文鱼20克，芋头50克。

调料

盐少许。

做法

1. 三文鱼洗净，切成小粒；芋头去皮，洗净，切小片。

2. 将三文鱼和芋头放入蒸锅内蒸熟。

3. 将三文鱼和芋头碾碎，搅拌均匀，捏成饼状，放入油锅中两面煎一下即可。

营养功效

此品富含蛋白质、碳水化合物，很适合脾胃虚寒的宝宝食用。

益智健脑营养餐

核桃桂圆汤

🥕 原料

核桃仁60克，桂圆肉10克。

🥄 调料

白糖少许。

🥢 做法

1. 核桃仁去皮，掰碎；桂圆肉洗净，切碎。

2. 将核桃仁、桂圆肉放入汤锅，加适量清水大火烧开，转小火煮30分钟，加入白糖煮至化开即可。

🍴 营养功效

此汤富含不饱和脂肪酸亚油酸，是益智健脑的佳品。

牛奶冲鸡蛋

🥕 原料

牛奶150毫升，鸡蛋1个。

🥄 调料

白糖少许。

🥢 做法

1. 鸡蛋打散备用。

2. 汤锅置火上，倒入搅好的鸡蛋，煮沸后倒入牛奶，离火，加白糖调匀即可。

🍴 营养功效

此品富含卵磷脂，可促进宝宝大脑发育，能让宝宝更聪明。

鸡蛋鱼肉

原料

鸡蛋2个，鱼肉30克。

调料

盐、料酒、醋、水淀粉各少许。

做法

1. 取1个鸡蛋搅打成液，另一鸡蛋取蛋清备用；鱼肉洗净，去刺，切小丁，加入料酒、盐抓匀，加入鸡蛋清、水淀粉上浆。
2. 油锅烧热，将鸡蛋液与鱼肉入锅煸炒，待成形时加入少许水，加入盐、醋稍炒即可。

营养功效

此品富含DHA、卵磷脂，对宝宝的大脑发育有利，是健脑益智的理想食物。

鸡肉豆腐羹

原料

豆腐100克，鸡胸肉50克。

调料

葱末、水淀粉、盐各少许。

做法

1. 鸡胸肉去筋膜，洗净，切小丁；豆腐洗净，切小丁。
2. 将鸡胸肉放入小汤锅中，加适量清水，大火煮开后转小火炖10分钟；下入豆腐，煮开后转小火煮20分钟，调入水淀粉，加葱末、盐调味即可。

营养功效

此品富含的卵磷脂和脑磷脂是宝宝神经系统不可缺少的营养素，具有不错的健脑益智功效。

花生黑芝麻米糊

🥢 原料

大米40克，熟花生米20克，熟黑芝麻10克。

🥄 做法

1. 大米洗净，用水浸泡2小时。

2. 将大米、熟花生米、熟黑芝麻放入豆浆机中，加凉白开至机体水位线间，接通电源，按下"米糊"启动键，20分钟左右米糊即可做好。

🍴 营养功效

此品富含DHA、锌等，能补脑，可增强宝宝的专注力和记忆力。

小米红枣粥

🥢 原料

小米60克，红枣20克，红豆10克。

🥄 做法

1. 红豆洗净，用清水浸泡3～4小时；小米淘净；红枣泡软，洗净，去核，切碎。

2. 红豆倒入锅中，加适量清水煮至半熟，再加小米、红枣，煮至烂熟成粥即可。

🍴 营养功效

此粥有利于宝宝的大脑发育，还可补血、利湿。

黑芝麻糙米粥

🥄 原料

糙米40克，黑芝麻10克。

🥄 调料

红糖少许。

🥄 做法

1. 糙米洗净，用清水浸泡2小时。

2. 锅中加适量清水煮开，放入糙米，待煮沸后改小火熬煮45分钟，放入黑芝麻续煮5分钟，加入红糖煮至化即可。

🍴 营养功效

此粥能增强神经细胞的活力，有助于提高宝宝的认知能力和学习能力。

五彩鱼粥

🥄 原料

鱼肉、大米各30克，胡萝卜1/4根，豌豆15克。

🥄 调料

盐少许。

🥄 做法

1. 鱼肉洗净，去鱼刺，切成粒；胡萝卜洗净，去皮，切成粒；豌豆洗净；大米淘净。

2. 将大米入锅，稍微多加点水煮粥，待粥快熟时，倒入鱼肉粒、胡萝卜粒及豌豆，煮熟后入盐调味即可。

🍴 营养功效

此粥富含卵磷脂和不饱和脂肪酸等营养成分，能增强宝宝的记忆力。

胡萝卜番茄饭卷

🥄 原料

米饭50克，胡萝卜、番茄各20克，鸡蛋1个，面粉适量。

🧂 调料

葱花适量，盐少许。

🥄 做法

1. 将鸡蛋与面粉加适量温水和成面糊，放入平底锅摊成薄饼；胡萝卜、番茄洗净，去皮，切丁。
2. 将胡萝卜、葱花放进油锅里炒熟，加米饭、番茄与盐翻炒均匀。
3. 将混合好的米饭平摊在薄饼上，卷成卷儿，切段即可。

🍴 营养功效

此品含有丰富的抗氧化剂，有助于使宝宝的大脑保持活力。

甜椒牛肉丝

🥄 原料

牛肉100克，青、红甜椒各1/2个。

🧂 调料

姜丝、酱油、淀粉、盐各少许。

🥄 做法

1. 牛肉洗净，切细丝，加入盐、淀粉拌匀；甜椒洗净，去子，切细丝；将酱油、水、淀粉调成芡汁。
2. 油锅烧热，将牛肉丝炒熟，放入甜椒丝、姜丝翻炒，烹入芡汁，炒熟即可。

🍴 营养功效

此品含铁量丰富，能增强红细胞运输氧气的能力，有助于使宝宝的思维更敏捷。

营养功效

此品含锌丰富，能增强宝宝的记忆力和学习能力。

苹果酪

原料

苹果1个，奶酪、面粉各适量。

调料

白糖少许。

做法

1. 苹果洗净，去皮除核，切成小薄片；面粉中加入奶酪、白糖和清水搅成稀糊状。

2. 锅中放少许油烧至温热，将苹果片裹上均匀的稀面糊，下锅两面煎黄，盛出，再送入微波炉低火加热2分钟即可。

营养功效

此品可为大脑提供碳水化合物，能使宝宝精力充沛、注意力集中，还能促进食欲。

香蕉牛奶布丁

原料

香蕉50克，果冻粉2克，配方奶粉20克。

做法

1. 香蕉去皮，切成小丁；奶粉加适量温水冲调成液态奶。

2. 将果冻粉与冲好的奶粉放入锅中拌匀，用小火加热至果冻粉完全溶解，即可倒入模具中。

3. 等布丁液半凝固时，再将香蕉丁放入其中，待完全冷却后即可扣出食用。

养肝明目营养餐

胡萝卜猪肉饼

🥄 原料
胡萝卜、猪瘦肉各50克，面粉60克。

🍶 调料
蒜苗碎、盐、香油各少许。

🥣 做法
1. 猪瘦肉洗净，切末；胡萝卜洗净，切丁。将肉末、胡萝卜丁、蒜苗碎、香油、盐、面粉搅拌均匀制成面糊。
2. 平底锅涂上一层薄油，舀入一勺面糊摊成饼状，中小火烙至一面色泽金黄，翻面烙至饼熟透即可。

🍴 营养功效
此品富含的胡萝卜素有明目护眼的功效，能让宝宝拥有一双明亮的大眼睛。

鸡肝芝麻粥

🥄 原料
鸡肝15克，大米50克，熟芝麻少许。

🥣 做法
1. 将鸡肝放入水中煮去血污，捞出放入碗内研碎。
2. 锅内加适量清水，加入研碎的鸡肝煮成糊状。
3. 大米洗净，放入锅中，加入适量清水，煮成烂粥后放入鸡肝糊，再放少许熟芝麻搅匀即可。

🍴 营养功效
此品富含维生素A、维生素E，有助于促进宝宝视力发育。

甜椒炒绿豆芽

🥄 原料

甜椒1个，绿豆芽150克。

🥄 调料

料酒、盐、醋各少许。

🥄 做法

1. 甜椒去蒂、去子，洗净，切成细丝；绿豆芽去杂质，洗净，沥干水。

2. 炒锅置火上，放油烧热，下甜椒煸炒，放入料酒、少许醋，然后投入绿豆芽，加入盐调味，继续煸炒至熟即可。

🍴 营养功效

此品可清心明目，对保护宝宝的眼睛有利，可减少眼疾的发生。

猪肝蔬菜粥

🥄 原料

大米粥50克，猪肝20克，胡萝卜、番茄、小油菜各10克。

🥄 调料

盐少许。

🥄 做法

1. 猪肝收拾干净，切碎；胡萝卜、番茄洗净，去皮，切碎；小油菜洗净，焯水后切碎。

2. 将猪肝、胡萝卜放入奶锅，加清水煮熟后，和番茄、小油菜一起放入大米粥内，煮开后加盐调味即可。

🍴 营养功效

此粥能明目护眼，减少紫外线对宝宝视网膜的损伤。

豌豆肉丁软饭

🥄 原料

大米、豌豆各50克，猪肉20克。

🥄 调料

盐少许。

🥄 做法

1. 大米、豌豆洗净；猪肉洗净，切丁。

2. 油锅烧热，下入肉丁、豌豆煸炒1分钟，加入盐和适量清水煮开后，倒入大米搅拌均匀；用小火烧至锅中的大米与水融合时把饭摊平，盖上锅盖焖煮至饭熟即可。

🍴 营养功效

此品富含维生素A和叶酸，具有护肝明目的作用。

蓝莓银耳甜汤

🥄 原料

鲜蓝莓80克，银耳5克。

🥄 调料

冰糖少许。

🥄 做法

1. 银耳用清水泡发，去蒂，洗净，撕成小朵；蓝莓洗净，沥干水分。

2. 汤锅置火上，放入银耳和适量清水，大火烧开后转小火煮至汤汁黏稠，加冰糖煮至化开，下入蓝莓搅拌均匀，离火，凉凉即可。

🍴 营养功效

此汤富含花青素，对宝宝的眼睛健康很有益处，且有润肺清热的作用。

芒果奶昔

原料

芒果半个，原味酸奶100毫升。

调料

姜片、葱花、盐各少许。

做法

1. 芒果洗净，去皮、去核，取少量果肉切小丁，剩下的果肉切大块，放入搅拌机，加酸奶一起打成泥，搅拌均匀。

2. 将芒果泥盛入杯中，表面放少许芒果丁即可。

营养功效

本品富含碳水化合物、胡萝卜素、蛋白质，能补充体力、明目健脑。

黑芝麻核桃粥

原料

大米30克，糯米20克，熟黑芝麻、核桃仁各15克。

调料

冰糖适量。

做法

1. 大米、糯米淘净；黑芝麻、核桃碾碎。

2. 将大米和糯米放入锅中，加入适量清水，大火煮开后转小火炖煮；待粥熟时，放入熟芝麻碎与核桃碎搅匀，续煮至米粥黏稠时加入冰糖，煮至冰糖溶化即可。

营养功效

此粥含有维生素E、钙、硒等，具有补肾益气、护肝明目的作用。

番茄橘子汁

🥕 原料

番茄、橘子各80克。

🥄 做法

1. 番茄洗净，去皮，切小块；橘子去皮、子，切小块。

2. 将番茄块、橘子块放入豆浆机中，加凉白开到机体水位线间，接通电源，按下"果蔬汁"启动键，搅打均匀后倒入杯中即可。

🍴 营养功效

此品富含维生素C，能维护宝宝眼球组织的健康，还能开胃消积。

牛肉丸油菜汤

🍴 营养功效

此汤富含维生素A和锌，能帮助宝宝预防夜盲症，改善宝宝体虚。

🥕 原料

牛瘦肉100克，小油菜60克，鸡蛋清1个。

🍶 调料

料酒、香油、盐各少许。

🥄 做法

1. 牛瘦肉洗净，剁成泥，加料酒、香油、鸡蛋清搅拌均匀制成馅；小油菜择洗干净，切小段。

2. 汤锅置火上，倒入适量清水烧开，将牛肉馅团成小肉丸入锅，中火煮至熟透，放入小油菜煮3分钟，加盐调味，淋上香油即可。

鲜奶炖鸡

原料

小土鸡1/5只（约200克），红枣2颗，牛奶500毫升。

调料

姜片、盐各少许。

做法

1. 小土鸡收拾干净，去皮，焯水后切小块；红枣浸软，洗净，去核，切小块。

2. 将土鸡、红枣及姜片一同放入炖盅，注入适量水，中小火炖约1.5小时，待鸡肉软烂时加入牛奶，加盐调味即可。

营养功效

此品富含的钙能帮助宝宝维持正常的眼压，预防视力发育不良和近视。

银鱼蔬菜饼

原料

小银鱼20克，韭菜2棵，鸡蛋1个，面粉100克。

做法

1. 将银鱼滤去盐分，切碎；韭菜洗净，切碎；鸡蛋打散。

2. 将面粉、鸡蛋液与适量清水调成面糊，放入韭菜碎拌匀。

3. 平底锅淋少许油烧热，放入面糊摊成薄饼，煎至两面金黄，将煎好的薄饼切成合适大小即可。

营养功效

此品含有丰富的蛋白质、钙、锌，对宝宝的眼睛有营养保健作用。

补钙壮骨营养餐

红枣花生牛奶

原料

牛奶250毫升，红枣3颗，花生米30克。

做法

1. 红枣用温水泡软，去核，切碎；花生米洗净，用清水浸泡3～4小时，切碎。

2. 汤锅置火上，放入花生碎、红枣碎和少许清水，小火煮至花生碎熟软，关火，过滤取汁，倒入牛奶搅拌均匀即可。

营养功效

此品能为宝宝补充足量的钙，能预防因缺钙引发的佝偻病等疾病。

香菇木耳海带汤

原料

鲜香菇1朵，水发木耳15克，水发海带30克。

调料

葱末、盐、香油各少许。

做法

1. 香菇去蒂，洗净，切小片；木耳去蒂，洗净，撕成小朵；海带洗净，切片。

2. 汤锅倒入适量清水置火上，放入香菇、木耳、海带，大火煮开后转小火煮15分钟，加盐调味，淋上香油，撒上葱末即可。

营养功效

此汤富含钙、铁、碘等，宝宝适量食用有助于防止体内钙的流失。

小白菜豆腐牡蛎汤

🥄 原料

小白菜、牡蛎肉、豆腐各50克。

🥄 调料

葱末、盐各少许。

🥄 做法

1. 小白菜择洗干净，切小段；牡蛎肉洗净泥沙；豆腐洗净，切小块。

2. 油锅烧热，炒香葱末，放入豆腐翻炒均匀，加入没过豆腐的清水，大火烧开后下入小白菜和牡蛎肉煮2～3分钟，加盐调味即可。

🍴 营养功效

本品富含钙、锌等营养素，可为宝宝补钙。

番茄排骨汤

🥄 原料

番茄1个，猪小排80克。

🥄 调料

香菜末、姜末、盐、香油各适量。

🥄 做法

1. 番茄洗净，去皮，切小块；猪小排剁成小块，洗净，焯水。

2. 姜末入锅炒香，下番茄、猪小排，加适量清水，小火煮至猪小排软烂，调入盐，撒香菜末即可。

🍴 营养功效

番茄富含的维生素C可使排骨中的钙能更好地被小肠吸收，帮助宝宝有效补充钙质。

猪骨菠菜汤

🥄 原料

猪脊骨100克，菠菜50克。

🧂 调料

姜丝、盐各少许。

🥄 做法

1. 猪脊骨洗净，砍碎；菠菜洗净，切小段，放入开水中焯烫。

2. 将猪脊骨放入砂锅内，加适量清水与姜丝，先用大火烧开，转用小火煮1.5小时，放入菠菜，续煮3分钟，入盐调味即可。

🍽 营养功效

此品养血利骨，能促进骨骼生长，有助于宝宝长高。

紫菜豆腐羹

🥄 原料

无沙干紫菜2克，豆腐50克，番茄1/2个，小米面20克。

🥄 做法

1. 紫菜撕成条，用清水泡开；豆腐冲净，切小方粒；番茄洗净，去皮，切小丁。

2. 油锅烧热，加番茄略炒，加入适量清水，烧开后加入豆腐与紫菜同煮。

3. 小米面用清水搅匀，加入煮沸的紫菜汤内，略煮便可关火。

🍽 营养功效

此品能帮助宝宝补钙，其含有的钾和镁又有利于减少宝宝尿钙的流失，富含的维生素K还可止血。

鱼肉馄饨

原料

鱼肉80克，馄饨皮适量，紫菜5克。

调料

姜末少许。

做法

1. 姜末冲入适量开水，变成姜水。
2. 将鱼肉的骨刺去净，剁碎，加少许姜水拌成馅，包入馄饨皮中。
3. 把包好的馄饨放入开水锅中，水开时再用清水点沸2~3次，起锅时可在汤中放少量撕碎的紫菜。

营养功效

此品不但含钙丰富，还富含维生素D，有利于促进宝宝对钙的吸收和利用。

果仁玉米粥

原料

花生米、核桃仁、熟黑芝麻、熟白芝麻各15克，玉米楂30克。

调料

白糖少许。

做法

1. 花生米、核桃仁洗净，与熟黑芝麻、熟白芝麻一起打碎。
2. 锅中加适量清水煮开，放入玉米楂，煮至开锅时将打碎的花生米、核桃仁、熟黑芝麻、熟白芝麻及白糖倒入锅中搅匀，至再次开锅，续煮2分钟即可。

营养功效

花生、核桃、芝麻都是补钙的高手，能帮助宝宝有效补充钙质。

虾皮小白菜汤

原料

小白菜30克，虾皮适量。

调料

葱花、姜末、香菜末、盐各少许。

做法

1. 虾皮洗净，用清水浸泡去盐分；小白菜洗净，切碎。

2. 炒锅置火上，放油烧热，下入姜末炒香，放入虾皮略炒一下，添适量清水，烧开后放入小白菜，再开锅时放入香菜末、葱花、盐即可。

营养功效

此品富含钙质，能使宝宝骨骼强健、牙齿坚固。

鸡腿菇炒虾仁

原料

虾仁、鸡腿菇各60克。

调料

姜末、盐、淀粉各少许。

做法

1. 鸡腿菇洗净，焯水，切小丁；虾仁洗净，加少量淀粉拌匀。

2. 锅中油烧至七成热，放入虾仁煸熟，倒入鸡腿菇翻炒均匀，加姜末、盐即可。

营养功效

鸡腿菇含有的麦固醇在阳光照射下会转化成维生素D，而维生素D能帮助宝宝吸收虾仁中的钙。

酿豆腐

原料

豆腐100克，猪肉30克，鸡蛋清1个。

做法

1. 豆腐洗净，拿勺在中间挖出部分，不要挖透（挖出的部分捏碎放入馅料里）；猪肉洗净，切末。

2. 将猪肉末、豆腐碎加鸡蛋清拌匀制成馅，填入豆腐口内。

3. 豆腐口向上码入碗中，用大火蒸10分钟左右即可。

营养功效

此品可以满足宝宝对钙质的需要，能促进骨骼、牙齿的生长发育。

鸡蛋布丁

原料

鸡蛋1个，配方奶粉30克。

做法

1. 鸡蛋磕破入蒸碗，用筷子打散；配方奶粉按比例冲泡好。

2. 将调好的配方奶缓缓倒入鸡蛋液中，拌匀。

3. 蒸碗放入蒸锅中蒸熟即可。

营养功效

鸡蛋和奶粉均富含钙和磷脂，不仅能够促进宝宝骨骼发育，还可促进大脑发育。

补锌补碘营养餐

苹果红枣汤

原料

苹果1个，红枣2颗。

做法

1. 苹果洗净，去皮除核，切小块；红枣洗净，去核，切碎块。

2. 汤锅置火上，放入苹果、红枣，加适量清水大火烧开，转小火煮30分钟即可。

营养功效

苹果和红枣都是含锌量比较丰富的食材，锌能增强宝宝的记忆力。

海带排骨汤

原料

水发海带50克，猪排骨100克。

调料

姜丝、葱花、盐各少许。

做法

1. 海带洗净，切小段；猪排骨洗净，切小块，用沸水焯去血水。

2. 将海带、排骨、姜丝一起下锅，加适量清水煮熟，下葱花、盐调味即可。

营养功效

此品含有丰富的锌、碘、铁，有利于宝宝健康成长。

猴头菇炖鸡翅

原料
鲜猴头菇60克，鸡翅2个。

调料
酱油、盐各少许。

做法
1. 猴头菇洗净泥沙，用手撕小片，挤净水；鸡翅洗净，焯水，切小段。
2. 油锅烧热，放入猴头菇和鸡翅翻炒均匀，加少许酱油和适量清水，大火烧开后转小火炖至鸡翅烂熟，加盐调味即可。

营养功效
此品有健脾开胃的功效，适合胃口不佳、厌食缺锌的宝宝食用。

牡蛎紫菜汤

原料
鲜牡蛎肉50克，无沙干紫菜2克。

调料
葱花、姜丝、盐各少许。

做法
1. 牡蛎肉洗净，切碎；紫菜撕碎。
2. 将紫菜放入碗中，加少许清水、牡蛎肉、葱花、姜丝，放入蒸锅蒸30分钟，取出加入盐调味即可。

营养功效
此品富含锌、蛋白质、碘，能很好地改善宝宝缺锌的情况。

燕麦南瓜糊

🥜 原料

燕麦片40克，南瓜100克。

🥣 做法

1. 南瓜洗净，去皮、去子，切小块。
2. 将燕麦片、南瓜放入豆浆机中，加凉白开到机体水位线间，接通电源，按下"米糊"启动键，20分钟左右米糊即可做好。

🍴 营养功效

此品富含锌、膳食纤维，能预防宝宝便秘，补锌防厌食。

小油菜鱼丸汤

🥜 原料

小油菜30克，鱼肉50克，鸡蛋清1个。

🥄 调料

葱花、淀粉、盐、香油各少许。

🥣 做法

1. 小油菜洗净，切小段；将鱼肉洗净，去刺，剁泥，加入鸡蛋清、淀粉、香油搅打上劲制成馅。
2. 油锅烧热，炒香葱花，倒入适量清水烧开，把馅挤成小丸子，中火煮熟，下入小油菜煮至软，加盐调味即可。

🍴 营养功效

此品有助于给宝宝补锌、碘和维生素，增强宝宝的免疫力。

蛋蓉鱼羹

🫛 原料

无刺鱼肉150克，鸡蛋1个。

🥄 调料

葱花、姜丝、水淀粉、香油、鸡汤各少许。

🥣 做法

1. 鱼肉洗净，切成小丁；鸡蛋磕入碗中，打散。

2. 将葱花、姜丝入油锅煸香，倒入鸡汤，将鱼肉丁下锅煮约5分钟；将鸡蛋液慢慢淋入锅中，用勺子搅成蛋花，用水淀粉勾芡，加香油调味即可。

🍴 营养功效

此品有不错的补锌效果，并且味道鲜美、容易消化，很适合宝宝食用。

油菜海鲜粥

🫛 原料

大米粥50克，鱼肉、小油菜各30克，虾仁10克。

🥄 调料

盐少许。

🥣 做法

1. 鱼肉洗净，去刺，切碎；虾仁洗净，切碎丁；小油菜洗净，切碎。

2. 锅中加适量清水，放入鱼肉、虾仁、小油菜煮熟，加大米粥拌匀，加盐调味即可。

🍴 营养功效

此粥营养丰富，能使宝宝获得全面的、有助于生长发育的营养。

大米核桃花生豆浆

🥜 原料

黄豆、大米各30克，熟花生米10克，核桃仁2个。

🥄 做法

1. 黄豆用水浸泡10~12小时，洗净；大米淘洗干净，用水浸泡2小时。

2. 将所有原料放入豆浆机中，加凉白开到机体水位线间，接通电源，按下"五谷豆浆"启动键，20分钟左右豆浆即可做好。

🍴 营养功效

核桃、花生是含锌较高的坚果，本品能增强宝宝大脑细胞的活力，维护宝宝大脑正常功能。

🍴 营养功效

此品富含锌、钙、膳食纤维，能提高宝宝免疫力，防止宝宝便秘。

圆白菜蒸河虾

🥜 原料

圆白菜100克，河虾50克。

🥄 调料

盐、料酒各少许。

🥄 做法

1. 河虾洗净，如常法处理干净，备用；圆白菜洗净，撕成小块。

2. 将虾放入大碗中，加入适量清水，放入盐、料酒调味，再铺上圆白菜，上锅蒸20分钟即可。

香菇豆腐鸡丁

原料

鸡胸肉50克，豆腐30克，鲜香菇1朵，西蓝花20克，鸡蛋清1个。

调料

盐、酱油各少许。

做法

1. 鸡胸肉、豆腐洗净，切小丁；香菇洗净，切丝；西蓝花洗净，掰成小朵，焯水。

2. 锅中倒油烧热，下入鸡丁、香菇翻炒，加适量水煮熟，放入豆腐和西蓝花，用盐、酱油调味，淋入鸡蛋清翻炒至熟即可。

营养功效

此品既可预防宝宝缺锌，也可辅治宝宝因缺锌引起的头发枯黄、反应慢等症状。

芹菜炒猪肝

原料

猪肝100克，芹菜50克。

调料

淀粉、料酒、酱油、盐各少许。

做法

1. 猪肝收拾干净，切小薄片，煮熟，捞起沥干，加料酒、酱油、淀粉拌匀；芹菜择洗干净，焯水，切小段。

2. 炒锅放入少许油烧热，将芹菜、猪肝一起下锅炒5分钟左右，加入盐翻炒数下即可。

营养功效

此品富含锌和碘，不但有益于宝宝神经系统的发育，而且有助于保持宝宝皮肤、骨骼和毛发的健康。

什锦蛋丝

原料

鸡蛋2个，青甜椒、胡萝卜各30克，鲜香菇1朵。

调料

盐少许。

做法

1. 将鸡蛋的蛋清与蛋黄分开，分别煎成薄饼，切成蛋黄丝与蛋白丝；香菇、青甜椒洗净，切丝；胡萝卜洗净，去皮，切丝。

2. 油锅烧热，放入胡萝卜、香菇、青甜椒炒熟，放入蛋白丝和蛋黄丝，加入盐调味即可。

营养功效

此菜富含锌、蛋白质、钙、铁等，宝宝常吃有助于智力及身体发育。

什锦肉羹饭

原料

米饭50克，猪肉20克，白萝卜、胡萝卜各20克，鸡蛋1个。

调料

盐、白糖、香油、香菜末各少许。

做法

1. 鸡蛋打散；白萝卜、胡萝卜洗净，去皮，切丝；猪肉洗净，切末。

2. 将白萝卜丝、胡萝卜丝入锅，加入适量清水煮开，放入猪肉末和盐、白糖、香油煮开后，倒入鸡蛋液，撒上香菜末做成肉羹，浇在米饭上即可。

营养功效

此品不仅含锌，其他营养元素也很丰富，均衡的营养有益宝宝健康。

Chapter **7**

2~3岁
食物多样化

这个阶段宝宝会走会跑了，运动量增大，为了满足其生长发育的需要，给宝宝吃的食物要多样化，以保证摄入全面而均衡的营养。但不要认为宝宝吃得越多越好，进食过多会导致宝宝肥胖或者伤了脾胃。

宝宝发育特点

2～3岁的宝宝头颅的发育速度开始减慢，四肢和躯干长得更长，头和身体的比例更趋于成人。这个阶段的宝宝运动能力发育迅速，语言发展也有了飞跃，能说较为简单且完整的句子。

2～3岁宝宝身体发育

- **身高**

  25～27个月时，男宝宝身高平均91.1厘米，女宝宝身高平均89.8厘米；28～30个月时，男宝宝身高平均93.3厘米，女宝宝身高平均92.1厘米；31～33个月时，男宝宝身高平均95.4厘米，女宝宝身高平均94.3厘米；34～36个月时，男宝宝身高平均95.4厘米，女宝宝身高平均94.3厘米。

- **体重**

  25～27个月时，男宝宝体重平均13.1千克，女宝宝体重平均12.5千克；28～30个月时，男宝宝体重平均13.6千克，女宝宝体重平均13.0千克；31～33个月时，男宝宝体重平均14.1千克，女宝宝体重平均13.6千克；34～36个月时，男宝宝体重平均14.7千克，女宝宝体重平均13.6千克。

- **头围**

  满3岁的男宝宝头围为46.6～52.3厘米；满3岁的女宝宝头围为45.7～51.3厘米。

- **囟门**

  28～30个月时，宝宝的前囟门已经闭合；31～33个月时，大多数的宝宝前囟门完全闭合，只有少数宝宝，前囟门可能还有小指尖大小的面积，但摸起来并不感觉柔软了，比较接近头骨的硬度。

- **其他**

  宝宝在28～30个月时会出齐20颗牙齿。2～3岁的宝宝每天要睡12个小时，晚上要睡10个小时，一般不会再夜啼了。宝宝满3岁时，体形已经变得颀长，手脚变得细长，身体看上去比以前苗条了，不再是大脑袋、胖乎乎的小宝宝形象。

2~3岁宝宝智能发育

- **视觉**

2~3岁的宝宝能注视小物体及画面达50秒，可以区分横线和垂直线。具体来说，满2岁的宝宝视力可达0.4，能判别物体的远近，且视线跟得上、并能看清楚快速移动的物体；满3岁的宝宝视力可达0.6，视觉较为敏锐，立体视觉的建立已基本完成。

- **听觉**

2~3岁的宝宝喜欢听节奏感强的音乐，还喜欢听语音语调有起伏的故事，能区别不同高低的声音，开始尝试随音乐跳舞；满3岁后可精细地区别不同声音。

- **动作**

25~27个月的宝宝走路稳当，跑步加快，会用双脚跳，会画简单的图形，能自己穿袜子、穿鞋，吃饭时喜欢模仿大人用筷子夹菜；28~30个月的宝宝能单脚站立，会扶着护栏上楼梯，还会自己解扣子、拉拉锁；31~33个月的宝宝能很耐心地把带小孔的珠子一个一个穿成串珠，会用手指一页一页地翻书，会将纸折成长方形或其他形状；满3岁的宝宝，可走、跑、跳、站、蹲、坐、摸、爬、滚、登高、跳下、越过障碍物，运动能力无所不能。

- **语言与社交**

25~27个月的宝宝能说较为简单且完整的句子，比如"爸爸回来了""我饿了"等。开始喜欢和小朋友玩耍，但缺乏合作精神，独立性不断增强，尝试做自己喜欢的事情。

28~30个月的宝宝，会背诵一些简短的诗歌，能看图简单叙述图片意思，还能说出日常用品的名称和用途，不高兴时会对妈妈说"我生气了"。这个阶段的宝宝希望得到父母的喜欢和关注，还特别需要朋友，愿意和小朋友一起玩游戏。

31~33个月的宝宝，会用简单的语句和人交流。思维与行动密切联系，大人交给的简单事情，完成后会体验到"完成任务"的愉快感。

满3岁的宝宝好奇心强，喜欢提问，如"我们上哪儿去玩？"等。能够自由地活动，可广泛参加社会活动，懂得一些简单的行为准则，知道"不可以打人""借东西要还"等。

控制体重营养餐

丝瓜香菇汤

原料
丝瓜1/3根，鲜香菇2朵。

调料
盐少许。

做法
1. 丝瓜洗净，去皮，切滚刀块；香菇洗净，切片。
2. 油锅烧热，下香菇片翻炒至变软出香味后，倒入适量的温水，大火煮沸后加入丝瓜块煮熟，入盐调味即可。

营养功效
此汤低热量、高膳食纤维，能加快脂肪细胞的代谢，有助于帮助胖宝宝减重。

番茄烧豆腐

原料
南豆腐150克，番茄50克。

调料
葱花、姜片、水淀粉、白糖、盐各少许。

做法
1. 南豆腐洗净，切小方块，用水焯一下；番茄洗净，去皮，切小块。
2. 油锅烧热，放入番茄翻炒出汁，下入豆腐、适量清水一起煮5分钟，加入姜片、白糖、盐煮入味，用水淀粉勾芡，撒入葱花即可。

营养功效
此汤富含番茄红素和钙，能促进脂肪代谢，阻止宝宝身体发胖。

海米冬瓜汤

原料

冬瓜120克，海米20克。

调料

香菜末少许。

做法

1. 冬瓜洗净，去皮、瓤，切成薄片；海米洗净，浸泡，并保留泡海米的水。

2. 锅中倒入适量水和泡海米的水，烧开后放入冬瓜片、海米，煲至汤熟，撒上香菜末即可。

营养功效

此汤能利尿、促进脂肪代谢，对于超重或肥胖的宝宝减重是非常有帮助的。

蔬菜小杂炒

原料

土豆、蘑菇、胡萝卜、泡发木耳、山药各20克。

调料

盐、水淀粉、香油各少许。

做法

1. 土豆、山药、胡萝卜洗净，去皮，切片；蘑菇、泡发木耳洗净，撕片。

2. 油锅烧热，将胡萝卜、土豆、山药煸炒片刻，加入适量水烧开，下蘑菇、木耳烧至蔬菜酥烂，用水淀粉勾芡，调入盐、香油即可。

营养功效

此菜富含膳食纤维，可促进肠道排毒，非常适合胖宝宝食用。

芹菜炒香菇

🔪 原料

芹菜100克，鲜香菇、胡萝卜各30克。

🧂 调料

葱花、盐、酱油各少许。

🥄 做法

1. 芹菜洗净，焯水后切小段；香菇洗净，切丝；胡萝卜洗净，去皮，切丝。

2. 油锅烧热，炒香葱花，倒入芹菜、香菇、胡萝卜翻炒片刻，加入酱油、盐速炒即可。

🍴 营养功效

此菜能吸附油脂，减少胃肠对脂肪的吸收，对宝宝单纯性肥胖有较好食疗作用。

韭菜炒虾仁

🔪 原料

韭菜80克，虾仁40克，黄豆芽20克。

🧂 调料

盐少许。

🥄 做法

1. 韭菜洗净，切段；虾仁洗净，控干水；黄豆芽洗净，焯水。

2. 油锅烧热，将虾仁放入锅内先炒一下，随后将韭菜、黄豆芽、盐放入锅内，加少量清水，翻炒几下即可。

🍴 营养功效

此菜含有丰富的膳食纤维，能帮助宝宝把体内多余的脂肪带出体外，有助于保持适宜的体重。

凉拌莴笋

原料

莴笋100克。

调料

盐、香油、白糖、醋各少许，
嫩姜丝10克。

做法

1. 将莴笋洗净，去皮，切丝，加盐
   腌渍2小时，放入沸水中略焯，
   捞出控干后加白糖、醋腌渍。

2. 将嫩姜丝加醋腌渍30分钟，与
   莴笋丝装盘后放在一起拌匀，
   淋上香油即可。

营养功效

此菜清热利尿，能有效防止宝宝身
体发胖。

丝瓜豆腐汤

原料

丝瓜1小根，豆腐50克。

调料

姜末、水淀粉、盐各少许。

做法

1. 丝瓜去皮，洗净，切片；豆腐
   冲净，切小块。

2. 油锅烧热，爆香姜末，下入丝
   瓜，炒透后加适量清水，大火
   煮开，下入豆腐焖煮5分钟，加
   水淀粉勾芡，入盐调味即可。

营养功效

此汤含有的膳食纤维能增加饱腹
感，降低油脂吸收，帮助胖宝宝
减肥。

黄瓜拌香蕉

🫛 原料

黄瓜1根，香蕉1/2根。

🍶 调料

蜂蜜少许。

🥣 做法

1. 黄瓜洗净，去蒂，切小丁；香蕉去皮，取果肉，切小块。
2. 取大碗，放入切好的黄瓜和香蕉，加蜂蜜拌匀即可。

🍴 营养功效

此菜可以抑制碳水化合物转化为脂肪，减少宝宝体内脂肪堆积，以达到控制体重的目的。

豆腐凉菜

🫛 原料

圆白菜叶1/2片，豆腐1小块，胡萝卜1/4根。

🍶 调料

盐、酱油各少许。

🥣 做法

1. 圆白菜叶、胡萝卜洗净，胡萝卜去皮，均过水焯一下，切碎；豆腐冲净。
2. 将豆腐放在蒸锅里蒸5分钟，取出，捣碎除去水分，与圆白菜碎、胡萝卜碎搅拌均匀，放入盐、酱油拌均匀即可。

🍴 营养功效

此菜含有钙、膳食纤维、胡萝卜素，经常食用对胖宝宝瘦身有一定的作用。

萝卜馅饼

🥄 原料

白萝卜100克，猪瘦肉50克，面粉200克。

🧂 调料

葱末、姜末、盐各少许。

🥣 做法

1. 猪瘦肉洗净，切末；白萝卜洗净，去皮，切丝，用油煸至五成熟，与肉末混合，加葱末、姜末和盐制成馅。

2. 面粉加水和成光滑的面团，分成小剂，擀成小饼，包入馅做成馅饼，在锅中烙熟即可。

🍴 营养功效

此品有助于脂肪类食物的消化，防止皮下脂肪的堆积，对胖宝宝控制体重有一定辅助作用。

红薯小窝头

🥄 原料

红薯80克，胡萝卜40克，玉米面20克。

🧂 调料

白糖少许。

🥣 做法

1. 红薯、胡萝卜洗净后蒸熟，取出凉凉，剥皮，挤压成细泥。

2. 用热水和好玉米面，加入红薯泥、胡萝卜泥、白糖，拌匀制成光滑的面团，切成小块，揉成小窝头，放进蒸笼，大火蒸10分钟即可。

🍴 营养功效

此品富含的膳食纤维会在肠道内限制部分糖和脂肪的吸收，可有效控制体重。

补铁补血营养餐

麻酱冬瓜

原料

冬瓜150克，芝麻酱5克。

调料

香菜末、盐各少许。

做法

1. 冬瓜去皮除子，洗净，切小块；芝麻酱加适量温水调稀。

2. 汤锅置火上，放入冬瓜，加入适量清水，大火烧开后转小火煮至冬瓜熟透，加盐调味，淋上芝麻酱搅拌均匀，撒上香菜末即可。

营养功效

此菜富含铁、蛋白质等营养物质，能纠正和预防宝宝缺铁性贫血。

海带豆腐汤

原料

水发海带100克，豆腐50克，海米10克。

调料

葱花、盐、香油各适量。

做法

1. 水发海带洗净，切小菱形片；豆腐洗净，切小块；海米洗净。

2. 锅置火上，倒入适量清水，放入海带、豆腐和海米大火烧开，转小火煮10分钟，加盐调味，淋上香油，撒上葱花即可。

营养功效

此汤能帮助宝宝补铁补血、加强营养，还能改善怕冷的症状。

木耳肉片汤

原料

水发木耳30克，猪瘦肉100克，菠菜30克。

调料

盐、淀粉各少许。

做法

1. 水发木耳去蒂，洗净，撕小朵；猪瘦肉洗净，切小片，加盐、淀粉拌匀；菠菜洗净，焯水，切小段。

2. 将木耳入锅，加水烧沸，下菠菜、肉片煮熟，入盐调味即可。

营养功效

此汤含有铁、硒等，可以及时为宝宝补充足够的铁质。

红豆泥

原料

红豆50克。

调料

红糖少许。

做法

1. 红豆拣去杂质，洗净，放入水锅内，用大火烧开，改小火焖煮成豆沙，越烂越好。

2. 将锅置火上，放入少许油，下入红糖炒至化，倒入过滤后的豆沙，用小火擦着锅底搅炒，炒匀即可。

营养功效

此品含有丰富的铁，可以补血，改善宝宝缺铁性贫血症状。

红枣桂圆粥

原料

大米80克，桂圆肉、红枣各
20克。

做法

1. 大米淘净；红枣洗净，去核，
   切碎；桂圆肉洗净，切碎。

2. 大米放入锅中，加入适量清水
   烧沸，加入红枣、桂圆肉煮至
   软烂即可。

营养功效

此粥具有补血养气的功效，能气血
双补，改善宝宝的贫血症状。

营养功效

此粥富含铁，对宝宝来说是很好的
补铁辅食，有利于补血，还能帮助
宝宝排毒。

猪血油菜粥

原料

猪血、大米各50克，小油菜
20克。

调料

葱花少许。

做法

1. 猪血洗净，放沸水中稍煮，捞
   出，切成小碎块；小油菜洗净，
   焯水后切成细末；大米淘净。

2. 将小油菜同猪血、大米一起放
   在锅里煮粥，待粥烂熟后放入
   葱花即可。

菠菜瘦肉粥

🥄 原料

大米50克，菠菜30克，猪瘦肉20克。

🥄 调料

葱丝、姜丝、盐各少许。

🥄 做法

1. 菠菜洗净，焯水，切末；猪瘦肉洗净，切碎；大米淘净。
2. 将大米放入锅中，加适量清水，大火煮开后改小火煮至米粒酥烂，放入肉碎煮熟，下姜丝、葱丝及菠菜末煮沸，加盐调味即可。

🍴 营养功效

菠菜和猪瘦肉的含铁量都比较丰富，能增强宝宝的造血功能。

西蓝花鸡肝粥

🥄 原料

鸡肝30克，大米50克，西蓝花20克。

🥄 调料

盐少许。

🥄 做法

1. 鸡肝收拾干净，焯水后切碎；西蓝花洗净，焯熟后切碎；大米淘净。
2. 将大米放入奶锅里，加适量清水，煮至粥快熟时放入鸡肝煮熟，放西蓝花、盐搅匀即可。

🍴 营养功效

此粥富含铁、维生素A等，是宝宝补铁补血的好选择。

肉松小馒头

原料

猪肉松15克，面粉60克，牛奶20毫升，鸡蛋黄1个，发酵粉少许。

做法

1. 将面粉、牛奶、鸡蛋黄、发酵粉、适量温水和成面团，面团醒发后做成小馒头，蒸熟。
2. 将小馒头从中间稍微撕开，放入适量猪肉松即可。

营养功效

猪肉松、鸡蛋黄都是含铁量高的食物，本品可防治宝宝缺铁性贫血。

蛋黄炒南瓜

原料

南瓜100克，咸蛋黄1个。

调料

料酒、葱末、姜末各少许。

做法

1. 将咸蛋黄和料酒放入小碗，上锅蒸熟后取出，趁热用勺子碾成泥；南瓜洗净，去皮、子，切薄片。
2. 油锅烧热，爆香葱末和姜末，加入南瓜片煸炒2分钟，下入蛋黄泥，让南瓜片裹匀蛋黄即可。

营养功效

此菜含有的铁对宝宝缺铁性贫血有较好的辅助治疗作用，还能改善贫血造成的身体虚弱。

清蒸三文鱼

🥕 原料

净三文鱼100克，青甜椒1个。

🍶 调料

葱丝、姜丝、番茄酱各少许。

🥄 做法

1. 将三文鱼洗净，切小块，用刀划十字花刀，摆盘备用；青甜椒洗净，去子，切细丝。

2. 将三文鱼放入蒸锅中，加入甜椒丝、葱丝、姜丝，用中火蒸至鱼快熟时，淋上番茄酱，续蒸至鱼熟即可。

🍴♥ 营养功效

此品富含的蛋白质是制造血细胞的主要原料之一，能帮助宝宝补血生血。

猪肉蛋饼

🥕 原料

猪肉40克，鸡蛋1个。

🍶 调料

香菜末、葱末、盐各少许。

🥄 做法

1. 将猪肉洗净，切末，加葱末、香菜末、盐调成肉馅，炒熟；鸡蛋打散。

2. 平底锅烧热，用少许油涂匀锅底，烧热，倒入鸡蛋液，摊成蛋饼。

3. 将肉馅放入蛋饼中，将蛋饼两边合起来即可。

🍴♥ 营养功效

此品能补血强身、健脾益气，适合营养不良性贫血的宝宝食用。

提高免疫力营养餐

红枣南瓜汤

🥕 原料

红枣4颗，南瓜100克。

🥄 调料

冰糖少许。

🥄 做法

1. 红枣洗净，去核，切碎；南瓜去皮除子，洗净，切小块。

2. 锅置火上，倒入适量清水，放入红枣和南瓜，大火烧开后转小火煮20分钟，加冰糖煮至化开即可。

🍴 营养功效

此汤含有的果胶成分有极强的吸附性，能清除宝宝体内的有害物质，提高身体抵抗力。

洋葱蛋皮汤

🥕 原料

洋葱1/2个，鸡蛋1个。

🥄 调料

姜末、香菜末、盐各少许。

🥄 做法

1. 洋葱洗净，切细丝；鸡蛋打散，摊成蛋皮，切小菱形片。

2. 汤锅置火上，倒油烧热，炒香姜末，加洋葱丝略炒，加适量清水煮至洋葱断生，下入蛋皮略煮，加盐调味，撒上香菜末即可。

🍴 营养功效

此汤能增强宝宝身体抵抗力，补血又健脑。

土豆蘑菇鸡汤

🥄 原料

鸡肉150克，蘑菇、土豆各30克。

🥄 调料

葱段、姜片、盐各少许。

🥄 做法

1. 鸡肉洗净，切小块，焯水；蘑菇洗净，切小块；土豆洗净，去皮，切小块。

2. 锅置火上，加适量清水，将鸡块、葱段、姜片一起放入，大火烧开后转小火炖煮约30分钟，加入土豆、蘑菇续煮约10分钟，加盐调味即可。

🍴 营养功效

鸡肉和蘑菇都是提高免疫力的高手，此汤非常适合免疫力低下的宝宝食用。

番茄牛肉汤

🥄 原料

番茄50克，牛肉100克。

🥄 调料

葱末、姜片、料酒、盐各少许。

🥄 做法

1. 番茄洗净，去皮，切小块；牛肉洗净，切小片，用料酒腌制。

2. 油锅烧热，爆香葱末、姜片，倒入牛肉翻炒，加入一半番茄与适量清水，炖煮牛肉至烂，将剩下的番茄再倒进去煮5分钟，加盐调味即可。

🍴 营养功效

此汤富含的铁和锌能为宝宝构筑良好的免疫系统，适合容易生病的宝宝食用。

🍴 营养功效

此汤富含蛋白质、锌、铁等营养物质，可增强宝宝的体质。

瘦肉炖苹果鲢鱼

🥄 原料

苹果、鲢鱼肉、猪瘦肉各50克。

🍶 调料

姜片、盐各少许。

🥣 做法

1. 苹果洗净，去核、去皮，切小块；猪瘦肉洗净，切片；鲢鱼肉洗净，切块。

2. 锅中放少许油烧热，放入姜片、鱼块，小火煎至鱼块两面稍黄，加入瘦肉片，注入适量清水，用中火炖至汤稍白，加入苹果块再炖20分钟，调入盐即可。

🍴 营养功效

此粥可增强宝宝的免疫力，对预防感冒也有良好效果。

香菇排骨粥

🥄 原料

排骨50克，鲜香菇2朵，大米40克，菠菜20克。

🍶 调料

姜丝、盐各少许。

🥣 做法

1. 大米淘净；排骨洗净，焯去血水，切小块；香菇洗净，切丝；菠菜洗净，焯水，切碎。

2. 将大米、排骨入锅，加适量清水，煮至米烂骨酥，加入香菇丝、姜丝续煮8分钟，放入菠菜碎煮开，加盐调味即可。

山药糕

🥕 原料

山药100克。

🍶 调料

白糖或蜂蜜少许。

🥣 做法

1. 山药洗净，去皮，切成小段。

2. 将山药码入盘中，上屉，蒸锅上汽后用中火蒸20分钟，凉至温热食用即可。也可以撒上白糖或淋上蜂蜜食用。

🍴 营养功效

此品富含多糖，能刺激和调节免疫系统，保护肝脏，增强宝宝免疫力。

胡萝卜炒肉丁

🥕 原料

猪里脊肉、胡萝卜各60克。

🍶 调料

姜片、酱油、醋、白糖、淀粉、盐各少许。

🥣 做法

1. 猪里脊肉洗净，切小丁；胡萝卜洗净，去皮，切小丁；将盐、酱油、白糖、醋、淀粉加水调成汁。

2. 油锅加热，煸香姜片，下肉丁炒散，放入胡萝卜丁炒熟，加调味汁爆炒几下即可。

🍴 营养功效

此菜富含铁、胡萝卜素，提高宝宝免疫力。

火腿炒菜花

🫛 原料

菜花60克，火腿30克，青甜椒1/2个。

🥄 调料

葱花、酱油、盐各少许。

🥣 做法

1. 菜花洗净，掰成朵，焯水；青甜椒洗净，去蒂和子，切小丁；火腿洗净，切丁。

2. 锅中放油烧热，下葱花炒出香味，放入菜花、火腿丁，再加入青甜椒、盐和酱油翻炒，稍放点水，炒至熟即可。

🍴 营养功效

此菜富含维生素C，可增强宝宝身体的防御能力，提高免疫力。

肉末圆白菜

🫛 原料

猪里脊肉40克，圆白菜80克。

🥄 调料

葱花、姜汁、水淀粉、盐各少许。

🥣 做法

1. 猪里脊肉洗净，剁成末；圆白菜洗净，切成细丝。

2. 锅中放少许油烧热，放入肉末煸炒至变色，加入姜汁、葱花翻炒几下，下入圆白菜丝煸炒至变软，加少许盐调味，用水淀粉勾芡即可。

🍴 营养功效

此菜能清除宝宝体内的自由基，增强宝宝免疫力。

双耳鸡蛋汤

原料

银耳、木耳各10克，山楂、鸡蛋各1个。

做法

1. 将银耳、木耳泡发，洗净，撕成小朵；山楂洗净，去核，切片；鸡蛋打散。

2. 将银耳、木耳、山楂一起放入锅内，加适量清水熬煮，水开后转中小火继续煮30分钟左右，至木耳熟烂时将鸡蛋液倒入锅中调匀，再煮片刻即可。

营养功效

此汤能增强免疫细胞的活力，从而提高宝宝的抗病能力。

水果慕斯

原料

苹果、猕猴桃、橘子各20克，燕麦片30克，原味酸奶50克，鲜牛奶少许。

做法

1. 苹果、猕猴桃洗净，去皮，切小丁；橘子去皮、去子，取肉；燕麦片磨成粉。

2. 将苹果、猕猴桃、橘肉与燕麦片放进酸奶中搅拌均匀，然后加鲜牛奶调至宝宝能接受的浓度即可。

营养功效

此品富含维生素C、蛋白质、钙等，具有抗氧化、壮骨、提高免疫力的作用。

助食增高营养餐

火腿豆腐汤

🫛 原料

嫩豆腐1小块，火腿30克。

🥄 调料

葱花少许。

🍴 做法

1. 嫩豆腐冲净，切小块，略焯，捞出沥干水；火腿切成丝。
2. 锅里放少许油烧热，将豆腐与火腿一起入锅煸炒片刻，加入适量清水，炖约10分钟，撒入葱花即可。

🍴 营养功效

此品富含钙、蛋白质、铁等营养素，可改善宝宝体质，促进宝宝长高。

橙香小排

🫛 原料

猪小排80克，橙子1个。

🥄 调料

盐、白糖各少许。

🍴 做法

1. 猪小排收拾干净，剁成小块，焯去血水；橙子洗净，剥皮，去子，用榨汁机榨汁，过滤杂质待用。
2. 锅内放橙汁，加入橙皮及适量开水煮开，倒入猪小排用小火炖45分钟，放入盐、白糖拌匀，煮至猪小排骨酥肉烂即可。

🍴 营养功效

橙子富含的维生素C能促进猪小排中铁的吸收，还能使猪小排含有的钙更好地被小肠吸收。

豆腐鲫鱼汤

🥄 原料

豆腐1小块，小鲫鱼1条，火腿10克。

🥄 调料

葱花、姜末、醋、盐各少许。

🥄 做法

1. 鲫鱼收拾干净，切小块；豆腐冲净，切小块；火腿切丝。

2. 油锅烧至七成热，放入鲫鱼略煎，加入火腿、姜末、醋、适量清水煮沸，下入豆腐煮至汤色乳白，调入盐、撒上葱花即可。

🍴 营养功效

豆腐含钙较多，如果单吃，钙吸收率较低，但与富含维生素D的鱼肉一起吃，二者搭配能提高钙的吸收利用率。

虾肉豆腐羹

🥄 原料

北豆腐50克，胡萝卜20克，虾肉30克。

🥄 调料

姜汁少许。

🥄 做法

1. 将虾肉洗净，剁泥，加姜汁拌匀；胡萝卜洗净，去皮，切成细末；豆腐冲净。

2. 锅内加水烧开，放入豆腐，边煮边用汤勺把豆腐压成泥；待豆腐汤煮开后，放入胡萝卜末、虾泥煮熟即可。

🍴 营养功效

本品富含蛋白质、锌、钙，荤素搭配，对宝宝的生长、智力发育有益。

香蕉牛奶燕麦粥

🥕 原料

香蕉1根，牛奶100毫升，燕麦片20克，葡萄干10克。

🥄 做法

1. 香蕉去皮，切碎块；葡萄干洗净。

2. 锅内加适量清水，放入香蕉、燕麦片、葡萄干煮开，待粥熟时倒入牛奶拌匀即可。

🍴 营养功效

香蕉富含钾，牛奶富含钙，燕麦富含B族维生素。本品营养丰富，非常适合宝宝食用，可助食增高。

🍴 营养功效

单吃米或单吃豆，蛋白质的吸收率一般，而米和豆搭配食用，能大大提高蛋白质的吸收利用率，对宝宝的健康有益。

大米豆浆

🥕 原料

黄豆50克，大米30克。

🥄 做法

1. 黄豆用水浸泡10～12小时，洗净；大米淘净，用水浸泡2小时。

2. 将大米和黄豆放入豆浆机中，加凉白开到机体水位线间，接通电源，按下"五谷豆浆"启动键，20分钟左右豆浆即可做好。

猪肉炒茄丝

🥄 原料

茄子80克，猪瘦肉40克。

🍶 调料

酱油、葱末、姜末、盐各少许。

🥄 做法

1. 猪瘦肉、茄子洗净，均切丝。
2. 锅中放少许油烧热，下葱末、姜末煸炒，然后放猪肉翻炒片刻，盛出。
3. 重起油锅，倒入茄子翻炒，加盐与猪肉一起炒，待熟时点酱油炒匀即可。

🍽 营养功效

此菜荤素搭配，能使宝宝摄取的营养更均衡。其富含的脂肪、蛋白质、铁、维生素等营养物质，能促进宝宝生长发育。

青椒炒猪肝

🥄 原料

猪肝50克，青椒60克。

🍶 调料

淀粉、料酒、酱油、盐、白糖各少许。

🥄 做法

1. 猪肝收拾干净，切薄片，煮熟，捞出沥干，加料酒、酱油、淀粉拌匀；青椒洗净，去子，切小块。
2. 炒锅放入少许油烧热，将青椒、猪肝一起下锅炒3分钟左右，加入盐、白糖翻炒数下即可。

🍽 营养功效

青椒所富含的维生素C能促进猪肝中铁的吸收，有益宝宝全面而均衡地摄取营养，具有开胃助食的作用。

西蓝花炒肉片

🥄 原料

猪五花肉40克，西蓝花60克。

🥄 调料

蒜末、水淀粉、盐各少许。

🥄 做法

1. 猪五花肉洗净，焯水，切小薄片；西蓝花洗净，掰成小朵，焯水。
2. 锅里放少许油烧热，下蒜末煸香，放入西蓝花、猪五花肉、盐快速翻炒，出锅时用水淀粉勾芡即可。

🍴 营养功效

五花肉中含有的脂肪能促进西蓝花中胡萝卜素的吸收，二者搭配能增强宝宝的抗病能力，还有助于宝宝长高。

香菇拌兔肉

🥄 原料

熟兔肉50克，鲜香菇3朵。

🥄 调料

葱丝、酱油、白糖、香油、芝麻酱各适量。

🥄 做法

1. 熟兔肉切丝；香菇洗净，焯熟，切丝。
2. 用酱油将芝麻酱稀释匀，加香油、白糖调匀成味汁，与兔肉丝、香菇丝、葱丝拌匀即可。

🍴 营养功效

本品富含蛋白质、铁、硒、维生素，能使宝宝的体质更健康，促进其生长发育。

豌豆炒虾仁

🥄 原料
鲜豌豆50克，虾仁40克。

🥄 调料
盐、料酒、水淀粉各少许。

🥄 做法
1. 豌豆洗净，焯熟；虾仁收拾干净，切小丁，用料酒腌制一会儿。
2. 炒锅中放少许油烧至温热，将虾仁倒入锅中翻炒至表面变色，加入豌豆一起翻炒至熟，加盐调味，用水淀粉勾薄芡即可。

🍴 营养功效
本品富含钙、锌、膳食纤维，有助于宝宝提高免疫力、助食增高。

橘子燕麦甜饼

🥄 原料
橘子1个，原味酸奶30克，燕麦片40克，鲜牛奶100毫升，面粉20克。

🥄 调料
白糖少许。

🥄 做法
1. 橘子去皮和子，取肉，压碎；将燕麦片、鲜牛奶、原味酸奶拌匀，放入白糖、面粉、橘肉调成面糊。
2. 平底锅抹油烧热，放入面糊，煎至两面微黄即可。

🍴 营养功效
燕麦与面粉粗细搭配，能给宝宝更均衡的营养，并能帮助宝宝缓解便秘、开胃助食等。

培养饮食好习惯，为入园做准备

2～3岁的宝宝即将进入幼儿园，在入园之前爸爸妈妈必须把培养宝宝的饮食习惯放在心上，不要宝宝两三岁了还不会自己吃饭，不然很难适应幼儿园的集体生活。

培养宝宝良好的用餐礼仪

用餐礼仪包括用餐习惯和餐桌礼仪修养。许多刚入幼儿园的宝宝，在用餐方面会暴露许多问题。用餐是宝宝一日活动的重要环节，2～3岁是良好行为习惯养成的关键期，良好餐桌礼仪的养成，有助于宝宝成为一个有涵养的人。

1. 要让宝宝养成饭前洗手、穿上罩衫或戴上围嘴，用餐时不玩弄食物、不玩玩具等好习惯。

2. 告诉宝宝在吃饭的时候不要大声喧哗、咀嚼食物时不发出吧嗒吧嗒的声音、不在盘中挑拨食物、不冲着饭菜打喷嚏、筷子上沾有食物时不要夹菜、不要把吃不完的食物放回菜盘里。

父母要培养宝宝餐食在口中时不说话的好习惯。

3. 在用餐过程中，应尽量保持桌面整洁。

4. 如果想吃自己够不到的食物，应递过食碟请他人帮忙盛一点。

5. 当与许多人一起用餐时，不能把自己喜欢的菜放到自己面前。

6. 食用酥脆的食物时，应用小盘或小手接住落下的食物碎屑。

7. 吃完饭后应将鱼刺、骨头等食物残渣收拾在自己的碗里。

8. 用餐应先请爷爷、奶奶、姥爷、姥姥、爸爸、妈妈等长辈入座后，自己方可就位；长辈没有动筷子，自己不宜先动筷。

宝宝偏食，父母要尽早纠正

如果宝宝有偏食、挑食的坏习惯，爸爸妈妈要尽早纠正。因为偏食不利于宝宝获取全面而均衡的营养，会影响宝宝正常的发育成长。但是纠正宝宝偏食不能操之过急，应该讲究方法。

1. 经常改变食物的烹调方法。如鸡蛋除了水煮外，还可以做成炒鸡蛋、蒸鸡蛋羹、鸡蛋紫菜汤等，使菜肴的色香味俱全。如果宝宝不爱吃蔬菜，可以把蔬菜剁碎了，做成馄饨、饺子或包子，这样宝宝就很容易将蔬菜吃下去了。

2. 严格控制宝宝吃零食。两餐的间隔时间最好保持在3.5～4小时，使胃肠内的食物排空，这样容易让宝宝产生饥饿感。俗话说"饥不择食"，饥饿时对不太喜欢吃的食物也会觉得味道不错，时间久了就会慢慢适应。另外，切记不要在饭前给宝宝吃零食，特别是糖果，会影响食欲。

3. 爸爸妈妈要做好榜样。爸爸妈妈最好不要偏食，不然宝宝非常容易养成偏食的习惯。爸爸妈妈也不宜在宝宝面前表现出对某种食物的厌恶，这样会潜移默化地影响宝宝，导致其偏食。

4. 用生动形象的语言引导宝宝。比如爸爸妈妈可诱导宝宝，告诉他不挑食才能长得快、跳得高，长大才能聪明、漂亮。

5. 食物品种要多样化。不要只做宝宝爱吃的食物，可以将宝宝不爱吃的食物与爱吃的食物搭配在一起烹调。对于宝宝实在不爱吃的食物，也要坚持让他"只吃一口"，多次接触后会慢慢接受这些食物的味道。

● **2～3岁每日膳食搭配金字塔**

1. 配方奶400～600毫升。

2. 米、面等主食125～150克。

3. 蔬菜150～200克。

3. 水果150～200克。

4. 蛋、瘦禽畜肉、鱼、虾100克。

5. 植物油20～25克。

宝宝吃饭太慢如何提速

有的宝宝吃饭很慢，边吃边玩，一顿饭有时要吃上一个多小时。入园后也这样，不利于宝宝适应幼儿园生活。

- **宝宝吃饭慢的一般原因**

  拿不稳勺子和筷子　　　身体不舒服　　咀嚼力较差

  不喜欢今天的菜　　　　还没感觉饿　　今天心情不好

- **让宝宝吃饭提速的方法**

  1. 给宝宝的小碗中不要一次盛太多的饭菜，应采取少盛多添的方法，这样能消除宝宝视觉上的恐惧感，有助于提高吃饭速度。

  2. 规定吃饭时间，过时撤走饭菜或取消奖励其看一次动画片、买一本喜爱的书等"福利"，这样坚持几次，吃饭耗时的坏习惯就有可能得到改正。

  3. 吃饭的时候父母应做到不看书报、不看电视、不聊天，这样有助于宝宝养成专心吃饭的好习惯，吃饭的时候不边吃边玩。

  4. 不要在饭桌上批评宝宝，不然再可口的饭菜宝宝吃起来都会索然无味，吃饭速度自然变慢。

  父母要尽量给宝宝提供一个宽松愉快的用餐环境，让宝宝拥有好的胃口，积极吃饭。

- **宝宝正常的用餐时间**

  一般来讲，宝宝正常的用餐时间应在30分钟左右，超过30分钟如果宝宝还有想吃的欲望，还可以让其吃一些。但对用餐时间超过30分钟，已经出现分心、想玩的宝宝，就要让其结束用餐了。

适量给宝宝吃些坚果或粗粮，可以锻炼宝宝的咀嚼力，对培养宝宝正常的吃饭速度有益。

护食的宝宝怎样管

宝宝护食、喜欢吃独食不是一个好习惯，如果任凭其发展下去，会滋生宝宝自私自利、以自我为中心的不良心理，父母要及时加以纠正和管教。

- **纠正护食的管用方法**

1. 让宝宝体会护食的不妥之处

一岁半以后的宝宝是能听懂一些简单道理的，父母可以用宝宝能接受的语言来讲明道理，说清楚护食的不妥之处，比如爸爸妈妈、爷爷奶奶、姥爷姥姥都讨厌护食的宝宝，幼儿园里的小朋友都不喜欢和护食的小伙伴玩等，让宝宝明白护食是不好的行为。

2. 给宝宝创造乐于奉献的氛围

父母是宝宝最好的老师，让宝宝经常看到父母在吃东西时总是会分给其他人一些，慢慢地宝宝就会跟着学了。此外，父母也可帮宝宝结交那些不护食、喜欢与他人分享的小伙伴，让宝宝感到自己生活在一个乐于奉献的氛围之中，对纠正护食非常有帮助。

- **如何培养宝宝的分享意识**

1. 父母应抓住生活中的点滴，逐步培养宝宝乐于分享的态度。比如家里来了客人，让宝宝大方地把水果、饮料、玩具拿出来递给客人；在客人临走时让宝宝拿袋子装一些水果让客人带走。

2. 当宝宝表现出不愿意与人分享时，父母应采取积极的教育态度，告诉宝宝好东西同大家分享，才能让别人也感受到同自己一样的快乐心情。比如宝宝过生日时，要让宝宝与父母、亲朋好友或小伙伴一起分享生日蛋糕。

3. 给宝宝提供分享的实践机会。比如家里买了一个大西瓜，切好后让宝宝进行分配。如果宝宝分配得合理，要表扬宝宝，以此来强化乐于分享的好处。

专家指导 宝宝的分享行为会受其情绪的影响，心情好的时候更乐于分享。所以，当宝宝不开心时，父母不要勉强宝宝做出分享行为，不然只会加剧宝宝的抵触情绪。

宝宝不爱自己动手吃饭怎么办

宝宝自己会动手吃饭后还喜欢让妈妈喂，这时要注意训练宝宝自己吃饭的能力。只要妈妈多点耐心，多点包容心，让宝宝自己动手吃饭还是很容易办到的！

● **给宝宝准备一套专用餐具**

宝宝专用餐具充分考虑了宝宝的生理特点，更适合宝宝使用，比同大人共用餐具更舒适、更卫生。同时，宝宝的餐具大多色彩鲜艳明快、充满趣味，一下子就能将宝宝吸引住，可以提高宝宝用餐的兴趣，培养宝宝自己动手吃饭的能力。

● **教宝宝学会使用筷子**

宝宝快3岁的时候，可以教他们使用筷子。使用筷子能锻炼宝宝手指的灵活性，这对正处于精细动作发育中的宝宝来说，不失为最好的锻炼方法；同时，使用筷子能达到手脑并用的效果，对宝宝智力发育大有益处。

妈妈要给宝宝准备一双小儿专用的筷子，这种筷子短而轻，宝宝容易抓握。妈妈要手把手地教宝宝拿筷子的姿势，要用拇指、食指和无名指夹住筷子，并以虎口开合练习夹的动作。平时可让宝宝用筷子拣豆子、夹糖果等，在玩乐中学习正确使用筷子的方法。

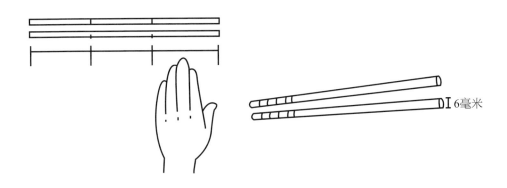

筷子宜选6毫米粗，长度是宝宝手掌3倍宽的；应选木筷，不宜选容易滑手的塑料筷子。一端有棱角的筷子能使宝宝更容易夹起食物。

- **让宝宝有饥饿感**

宝宝不爱自己动手吃饭，有时是因为他们不饿。所以，妈妈尽量要在宝宝有饥饿感的时候再开饭。妈妈可以让宝宝多跑跑、多玩玩，增加宝宝的活动量，这样更容易使他们在饭点的时候获得饥饿感。只有当宝宝真正感到肚子饿了，才不会抗拒吃饭，也更容易自己动手吃饭。

- **可以自己吃饭后妈妈不要再喂**

有时能自己吃饭的宝宝会要赖，还让妈妈喂饭，如果妈妈觉得喂一下没关系，很可能因此前功尽弃。这时妈妈不要过分迁就宝宝，要告诉宝宝吃饭是每个人自己的事，让别人喂饭很差，让宝宝明白自己的事情就要自己踏踏实实地去做。这样等宝宝上幼儿园以后，妈妈就不用担心宝宝自己吃饭的问题了。

- **把食物烹调得诱人**

给宝宝烹调的食物尽量要做到色香味俱全，食物的香气和味道能让宝宝快乐地享受美食，而食物的"色"则更容易将宝宝吸引到饭桌上来吃饭。这需要妈妈多花一些心思，可以注意食物的颜色搭配，或者把食材做出不同的形状，让宝宝觉得新奇有趣，提高吃饭的积极性，喜欢上自己吃饭。

- **让宝宝参与做饭**

可以带宝宝去市场买菜、把买的菜提回家、一起清洗和烹调食物等，在做饭的整个过程中，妈妈可以询问宝宝的意见，让宝宝帮忙一起做，这样宝宝会有一份参与感，在食物烹调熟后还有一份成就感，他会带着一种品尝自己劳动成果的感觉期待吃饭，也更会有想自己马上品尝的欲望。不过宝宝毕竟还小，须在安全范围内让他帮妈妈做些简单的事，打打下手，那些用电用火的地方千万不能让宝宝接触。

- **宝宝自己吃得不好也不要批评**

宝宝自己吃饭的时候即使把饭菜弄到了衣服上或洒到了地上，妈妈也不要批评宝宝，反而应该鼓励他："宝宝真棒，自己吃饭吃得真香！"这样宝宝会很高兴，自己动手吃饭的积极性就更高了。

宝宝含饭不咽怎么办

有的宝宝吃饭时爱把饭菜含在嘴里，不嚼也不吞咽，俗称"含饭"。这种习惯非常危险，容易噎着或呛到，父母要及时加以纠正。

● **含饭的危害**

1. 容易腐蚀牙齿，引起龋齿，并且牙龈发育较差。

2. 含饭的宝宝常因吃饭过慢过少，得不到足够的营养，容易导致生长发育迟缓，这类宝宝多偏瘦、面黄、体重轻。

3. 会使宝宝因缺少咀嚼而影响面部肌肉的正常发育。

4. 食欲不好，容易厌食。

5. 容易使饭粒阻塞气管而窒息。

6. 影响舌头的运动和口腔肌肉的力量，对发音不利。

宝宝含饭的常见原因

原因来源	原因描述
宝宝的原因	咀嚼、吞咽能力不强；胃肠功能不好；有龋齿；已经吃饱了
妈妈的原因	宝宝不饿就开饭；怕宝宝弄脏衣服不让宝宝自己吃饭；总爱催促宝宝快点吃饭；纵容宝宝边吃边玩
环境的原因	饭菜不可口；吃饭气氛不愉快

● **纠正宝宝含饭的对策**

1. 可让含饭的宝宝与其他没有含饭习惯的小朋友一起吃饭，让其模仿其他小朋友的咀嚼动作，慢慢进行矫正。

2. 不要长期给宝宝吃流质、细软的食物，适量给他们吃些质地粗糙的食物，有助于训练他们的咀嚼吞咽能力。

3. 让宝宝自己动手吃饭，不要怕宝宝弄脏衣服或地面。

4. 纠正含饭的过程中，宝宝的每一个进步，父母都要及时给予肯定，使宝宝良好的进餐行为得以强化、巩固。

5. 宝宝的三餐应定时定量，两餐间隔保持在3~4小时，白天应让宝宝多活动，并减少零食的摄入量，使其在正餐前有饥饿的感觉。

6. 进餐时鼓励宝宝每口食物尽量咀嚼10次以上。

Chapter 8

宝宝常见病
饮食调理

宝宝的身体娇嫩，容易引发感冒、咳嗽、湿疹、腹泻等常见病，在宝宝不舒服的时候给予他们最贴心的饮食养护，能尽快让宝宝恢复健康，重新活蹦乱跳起来！

感冒

宝宝感冒后胃口不好，需要进行合理的饮食调理，促使肠胃蠕动，增强食欲，促进身体康复。

感冒的原因

婴幼儿时期由于上呼吸道的解剖和免疫特点而易患本病。各种病毒和细菌均可引起宝宝感冒，但90%以上为病毒。病毒感染后可继发细菌感染。

感冒的症状

感冒的常见症状有鼻塞、流涕、喷嚏、干咳、咽部不适和咽痛等，多于3～4天自然痊愈；发热、烦躁不安、头痛、全身不适、乏力等，部分患儿有食欲不振、呕吐、腹泻、腹痛等消化道症状。

饮食调理方法

1. 饮食宜清淡。宝宝感冒后很容易出现恶心、食欲降低的现象，清淡食物能够提高宝宝食欲，更有利于营养物质吸收。

2. 以流质食物为主。宝宝感冒后肠胃的消化能力降低，感冒时宝宝的食物要以流质为主，同时可以搭配富含维生素C的果汁等饮品。

3. 少食多餐。不要强迫宝宝进食，这会导致宝宝胃肠负担过重，可以每顿少喂食，增加进食次数。

4. 营养均衡。宝宝感冒后，妈妈不要为了增加宝宝营养而大补特补，而应该注意营养的合理搭配。在以清淡为主的前提下，可以适当增加一些营养丰富的鱼、肉等食物，同时搭配苹果汁等饮料。

5. 适量补水。感冒后宝宝身体内部的水分流失较多，要注意及时、适当地为宝宝补充水分。不要一次让宝宝补充大量的水分，可以分多次补充水分。水温在30～36℃为宜。

葱豉汤

原料

淡豆豉15克，葱白2根。

做法

1. 淡豆豉、葱白洗净，葱白切小段。

2. 将淡豆豉放入锅中，加水适量，煮沸约3分钟，加入葱白段，续煮2分钟即可。

营养功效

此汤可发汗解表、解毒止痛，适用于宝宝外感风寒、头痛鼻塞、身寒腹痛等。

菊花葱须汤

原料

野菊花3克，带须葱白2根。

做法

1. 带须葱白洗净，切段。

2. 将野菊花、带须葱白一起放入砂锅中，加水3小碗，煎至1小碗取出汁液。

3. 锅中再加1碗水煎至半碗，取汁与前次合并即可。

营养功效

此汤能帮助宝宝对抗流感病毒，具有发汗、祛痰、利尿、止痛的功效。

姜糖水

🥄 原料

生姜1小块，红糖少许。

🥄 做法

1. 生姜洗净，去皮，切细丝。
2. 将姜丝放入锅中，加入适量清水，用大火煮沸10分钟，放入红糖，再煮开即关火。

🍴 营养功效

生姜可以驱寒，红糖活血温体。此品适合风寒感冒的宝宝。

紫苏米糊

🥄 原料

大米50克，紫苏叶10克。

🥄 做法

1. 大米淘净，用水浸泡2小时；紫苏叶洗净，切碎。
2. 将大米和紫苏叶倒入豆浆机中，加凉白开到机体水位线间，接通电源，按下"米糊"启动键，20分钟左右米糊即可做好。

🍴 营养功效

紫苏叶能发汗散寒，与健脾胃的大米搭配，能减轻风寒感冒引起的咳嗽、胸闷不舒等症状。

薄荷粥

原料
薄荷10克，大米50克。

调料
盐少许。

做法
1. 将薄荷择洗干净，放入锅中，加清水浸泡5～10分钟后，水煎取汁。
2. 薄荷煎汁中加大米进行熬煮，煮至米粒熟烂时加盐调味，再煮一二沸即可。

营养功效
此粥能疏散风热、清利头目、解表透疹，适合有头身疼痛、咽痛目赤等风热感冒症状的宝宝食用。

金银花粥

原料
金银花5克，大米50克。

调料
白糖适量。

做法
1. 金银花洗净浮尘，放入砂锅中，倒入适量清水浸泡5～10分钟，置火上，大火烧开后转小火煮15分钟，取煎汁；大米淘洗干净。
2. 煎汁中加入大米煮至米粒熟烂，加白糖煮至化开即可。

营养功效
此粥能清热解毒、疏散风热，可促进宝宝风热感冒尽快痊愈。

发热

宝宝发热时身体的新陈代谢加快，会大量消耗体内的营养物质。爸爸妈妈不要只注意药物治疗而忽略了宝宝发热期间的营养调配。

发热的原因

宝宝很容易发热，这是因为他们的体温调节中枢系统发育还不成熟，加上身体的抵抗力较差，容易受到感染，最常见的就是上呼吸道感染。

发热的症状

宝宝的小脸会红红的、手心热热的、额头烫烫的，哭闹不安或者没有食欲，小便比平时的尿量少，且小便发黄、颜色较深，腋下体温超过37.4℃。

饮食调理方法

1. 多饮水。宝宝发热会造成体内水分大量丢失，尿量减少，如果不及时补充，很容易导致脱水。此外，多饮水既有利于退烧，还能利尿、促进体内毒素的排出。未断奶的宝宝应在两次喂奶之间喂些水。

2. 流质或半流质食物为主。一般急性期或高热期主要吃流质的食物，而恢复期、退烧期吃半流质食物。常见的流质食物有米汤、鲜果汁、牛奶等；粥、馄饨等属于半流质食物。

3. 饮食少油腻。宝宝在发热的时候消化液的分泌量减少，胃肠蠕动减慢，消化功能明显减弱，此时给宝宝吃油腻食物会影响消化，易引起消化不良。饮食应遵循清淡、易消化、少量多餐的原则。

4. 不勉强进食。宝宝如果食欲不好，不要勉强他们吃东西，以免吃完胃部不舒服将食物吐出来。

紫菜豆腐汤

原料

豆腐100克，紫菜2克。

调料

香油、盐各少许。

做法

1. 豆腐冲净，切小条；紫菜洗净，撕碎。

2. 锅中加适量清水，加入豆腐条，煮沸，炖5分钟，下入紫菜，用筷子搅匀，调入盐和香油即可。

营养功效

此汤具有清热的功效，能帮助宝宝退烧，还可以缓解因发热引起的咽喉疼痛。

荸荠瘦肉汤

原料

荸荠50克，猪瘦肉、胡萝卜各30克。

调料

葱花、盐各少许。

做法

1. 荸荠、胡萝卜去皮，洗净，切碎；猪瘦肉洗净，切小丁。

2. 油锅烧热，炒香葱花，下入瘦肉丁和胡萝卜碎翻炒至肉色变白，淋入适量温水煮约15分钟，加荸荠碎续煮10分钟，加盐调味即可。

营养功效

此汤能清热泻火、凉血解毒，有辅助退烧的作用，适合发热初期的宝宝食用。

冰糖雪梨汁

原料

雪梨1个，冰糖少许。

做法

1. 雪梨洗净，去皮、去核，切成小块。

2. 将梨块放入锅内，加适量清水和冰糖，大火煮沸后改小火煮至梨变软，熄火即可。

营养功效

此品能解热生津、消痰止咳，特别适合发热伴有咳嗽的宝宝饮用。

西瓜汁粥

原料

西瓜适量，大米50克。

做法

1. 西瓜洗净，取瓤去子，榨汁备用。

2. 大米淘净，放入锅中，加清水适量煮粥，待煮至粥熟时调入西瓜汁，再煮一二沸即可。

营养功效

此粥具有利尿的作用，可通过促进水分排出带走宝宝体内的热量，起到退烧的作用。

橘子番茄西瓜汁

原料

橘子、西瓜、番茄各60克。

做法

1. 橘子去皮、去子，取肉；番茄洗净，去皮，切小块；西瓜洗净，去皮、去子，切小块。

2. 将橘子、西瓜、番茄放入豆浆机中，加凉白开到机体水位线间，接通电源，按下"果蔬汁"键，搅打均匀过滤后倒入杯中即可。

营养功效

此果汁富含胡萝卜素、维生素C及矿物质，可补充发热的宝宝体内营养素的消耗。

绿豆豆浆

原料

绿豆90克。

做法

1. 绿豆用水浸泡4~6小时，洗净。

2. 将绿豆放入豆浆机中，加水到机体水位线间，接通电源，按下"豆浆"启动键，20分钟左右豆浆即可做好。

营养功效

绿豆具有清热解毒、利尿消肿的作用，既能补充营养，又能促进宝宝体内毒素的排出，可以帮助宝宝退烧。

肺炎

宝宝患上肺炎，除了要及时就医治疗外，日常的食疗调理也很关键，这将更有助于宝宝病情的康复。

肺炎的原因

引发宝宝肺炎的主要病因是细菌或病毒感染，如肺炎链球菌、流感嗜血杆菌、流感病毒、肺炎杆菌、腺病毒、呼吸道合胞病毒等。

肺炎的症状

主要表现为发热、咳嗽、气喘、精神差、烦闹、睡眠不安、食欲不好。重症患儿可出现呼吸困难的症状，甚至出现呼吸衰竭、心力衰竭，还可出现呕吐、腹胀、腹泻等消化系统症状。

饮食调理方法

1. 饮食清淡少油腻。对肺炎患儿宜供应清淡、易消化、富含多种维生素的饮食，不宜吃油腻食物，因为油腻食物可以生内热，湿滞为痰，不利于肺炎的康复。

2. 给予流质或半流质饮食。伴有发热的患儿，应给予其流质饮食，如米汤、菜汤、果汁等；退烧后可进食半流质食物，如稀粥、烂面条等。

3. 忌吃辛辣食物。辣椒、胡椒、芥末等辛辣食物性质温热，易化热伤津，而肺炎又属热病，两热相加，会加重肺炎患儿的病情。

4. 少吃味道较酸的食物。味酸的食物具有收敛的作用，有碍汗出解表，不利于小儿肺炎的调养。尽量少吃山楂、柠檬、酸奶等味酸的食物。

5. 补充足够的水分。因为肺炎患儿体内水分的蒸发比平时多，所以应适量多喝水；另外，多喝水还有利于痰液的排出和促进机体的正常新陈代谢。

专家指导 肺炎患儿的生活环境应保持空气新鲜清洁，居室每天应通风1～2次。室内温度宜在20～22℃，相对湿度55%～65%。

翟桂荣每日指导·0～3岁宝宝营养餐

白萝卜紫菜汤

原料

白萝卜100克，无沙干紫菜3克。

调料

葱丝、盐、香油各少许。

做法

1. 白萝卜洗净，去皮，切丝；紫菜撕成小片。

2. 锅置火上，倒入适量清水，放入白萝卜丝，大火烧开后转小火煮至白萝卜丝熟透。

3. 放入紫菜搅拌均匀，加盐调味，淋上香油，撒上葱丝即可。

营养功效

此汤能清热解毒、利尿发汗、顺气止咳。可辅助治疗小儿肺炎，能缓解咳喘无力、发热等症状。

川贝炖雪梨

原料

川贝母、干百合、陈皮各5克，雪梨100克。

调料

冰糖10克。

做法

1. 川贝母、百合和陈皮用水浸透，洗净；雪梨洗净，去核、去蒂，连皮切小块。

2. 将川贝母、百合、雪梨、陈皮、冰糖一起放入炖盅内，加适量清水，盖盖隔水炖2小时即可。

营养功效

此品能清热、养阴润肺，对小儿肺炎引起的发热、身体乏力、痰发干发黏等症状可起到调养作用。

杏仁米糊

原料

大米60克，杏仁20克。

做法

1. 大米淘净，清水浸泡2小时；杏仁洗净。

2. 将杏仁、大米放入豆浆机中，加凉白开到机体水位线间，接通电源，按下"米糊"启动键，20分钟左右米糊即可做好。

营养功效

此品能宣肺化痰，对小儿肺炎引起的咳嗽、痰黄稠、面赤唇红、口渴有较好食疗效果。

营养功效

此粥能清热润肺、和胃，可有效改善小儿肺炎后期出现的身体虚弱、食欲不振等症状。

薏枣百合山药粥

原料

干百合10克，山药20克，薏米30克，红枣2颗。

做法

1. 干百合洗净，泡发，切碎；山药洗净，去皮，切碎；薏米洗净，浸泡3小时；红枣洗净，去核，切碎。

2. 将百合、山药、薏米、红枣一起放入锅中，加入适量清水煮粥，煮至熟烂即可。

木耳炒百合

原料

木耳10克，干百合10克。

调料

葱末、水淀粉、盐各少许。

做法

1. 木耳用清水泡发，洗净，去蒂，撕碎；干百合用清水泡发，洗净。
2. 油锅烧热后放入葱末爆香，倒入木耳煸炒片刻，再倒入百合一同爆炒3分钟，放盐调味，用水淀粉勾薄芡即可。

营养功效

此菜能滋阴清肺、清热止咳，适用于小儿急慢性肺炎。

豆腐胡萝卜糊

原料

嫩豆腐1小块，胡萝卜20克。

做法

1. 胡萝卜洗净，去皮，切小块；嫩豆腐捣碎。
2. 锅中加适量清水、胡萝卜，炖至胡萝卜熟烂，再加入嫩豆腐碎，煮至汤汁快干时关火。
3. 将煮好的食材一起倒入过滤网，碾碎过滤，调成糊状即可。

营养功效

豆腐具有清热解毒、滋阴润肺的作用，有助于改善发热、汗出、喉中痰鸣等小儿肺炎症状。

湿疹

饮食不当是引起宝宝湿疹的主要因素之一。患上湿疹的宝宝若能注意饮食调养，可以促进湿疹的消除，还有助于防止湿疹的再次复发。

湿疹的原因

主要原因是对食入物、吸入物或接触物过敏或不耐受所造成的。比如食用鸡蛋、牛奶、牛羊肉、海产品及冷热刺激、抓挠、穿纯毛衣服、尘螨、小动物的分泌物等都可能是宝宝患湿疹的诱发因素。

湿疹的症状

初起时为散发或群集的红色小疙瘩，然后会破溃、糜烂、渗液，最后结痂脱屑，局部皮肤有灼热感和痒感。这些小红疙瘩刚开始多见于头面部，接着会逐渐蔓延至颈、肩、背、四肢、臀部，甚至波及全身。

饮食调理方法

1. 忌吃容易导致过敏的食物。比如鱼、虾、蟹、牛肉、羊肉、花粉等，以免引起变态反应，导致宝宝病情加重。

2. 应以素食为主。宜给宝宝吃清淡、易消化、含有丰富维生素和矿物质的食物，多吃素食，能减轻宝宝皮肤过敏反应。

3. 忌吃辛辣刺激性食物。葱、蒜、生姜、辣椒、花椒等辛辣刺激性食物会令宝宝的湿疹加重。

4. 循序渐进地添加辅食。给宝宝添加辅食时，应由少到多一种一种地加，量从少到多，品种也从少到多，使宝宝慢慢适应，也便于观察是哪种食物引起过敏。具体来说，每加一种食物，应观察三四天，没有出现湿疹加重，再加第二种食物。

专家指导 可以取蒲公英、金银花各20克，水煎后取汁，凉凉后过滤，用清洁的干毛巾蘸一些，慢慢擦敷患处。

冬瓜香菜汤

🥄 原料

冬瓜200克，香菜10克。

🥣 调料

盐少许。

🥢 做法

1. 冬瓜去青皮及瓤，洗净，切小薄片；香菜洗净，切碎。
2. 锅置火上，加入适量清水、冬瓜，煮至冬瓜熟烂，加入香菜续煮2分钟即可。

🍼 营养功效

此汤能祛湿、利尿、清热，可以辅助治疗小儿湿疹。

红豆薏米黑米粥

🥄 原料

黑米30克，薏米、红豆各10克。

🥣 调料

白糖少许。

🥢 做法

1. 黑米、薏米、红豆洗净，分别浸泡8小时至软。
2. 将黑米、红豆、薏仁和适量清水放入砂锅内，大火煮沸后转小火煮至熟透，加白糖搅匀即可。

🍼 营养功效

此粥具有健脾祛湿的作用，对脾虚湿盛型湿疹疗效较好，也适合皮肤渗出液较多、瘙痒不剧烈的患儿食用。

丝瓜粥

原料

丝瓜100克，大米50克。

做法

1. 丝瓜洗净，去皮，切碎；大米淘净。
2. 锅内加清水适量，放入大米煮粥，待至八成熟时加入丝瓜，煮至粥熟即可。

营养功效

此品具有清热解毒、抗过敏的功效，适量给湿疹患儿食用，可起到止痒收敛的作用。

荸荠汁

原料

荸荠100克。

做法

1. 荸荠洗净，去皮，切碎。
2. 将荸荠放入锅中，加入适量清水，熬煮半小时即可。

营养功效

此汁能清热解毒、利湿止痒，可有效防止小儿湿疹的复发。

山药黄瓜汁

原料

山药100克，黄瓜50克。

调料

蜂蜜少许。

做法

1. 山药洗净，去皮，焯水，切块；黄瓜洗净，切小块。
2. 将山药、黄瓜放入豆浆机中，加凉白开到机体水位线间，接通电源，按下"果蔬汁"启动键，搅打均匀后倒入杯中，加蜂蜜调匀即可。

营养功效

此品具有除湿利水的功效，适合湿疹患儿饮用。

绿豆海带汤

原料

绿豆50克，水发海带30克。

做法

1. 绿豆淘净，用水浸泡4小时；水发海带洗净，切碎块。
2. 锅置火上，放入海带、绿豆，加适量清水，先用大火烧开，后改用小火煮至绿豆烂熟，取汤即可。

营养功效

此汤具有利尿、消炎、清热的功效，可有效缓解湿疹症状。

咳嗽

宝宝咳嗽时不要先急于给他们吃止咳药，可以先试试饮食调理，配合药物治疗能收到事半功倍的效果。

咳嗽的原因

宝宝咳嗽可分为慢性和急性两大类，过敏性鼻炎和鼻窦炎是引发慢性咳嗽的原因之一，而急性咳嗽主要与呼吸道感染有关。

咳嗽的症状

患慢性咳嗽时，宝宝在夜间睡眠时咳嗽会加剧，有些会出现哮鸣声或喘的现象；患急性咳嗽时，除了咳嗽、流鼻涕、呼吸变浅快等症状，有时会伴有咻咻的喘鸣声，严重时还会出现呼吸窘迫，甚至发绀。此外，风寒咳嗽表现为痰清稀，伴有头痛、流清涕、鼻塞、怕冷及发热等；风热咳嗽一般表现为干咳、无痰、口干、咽喉干燥、咽喉疼痛等。

饮食调理方法

1. 宜多喝水。充足的水分可帮助宝宝稀释痰液，使痰更易于咳出。

2. 少糖少油少盐。过量食用甜食和油腻食物会助热生痰，吃得太咸易诱发咳嗽或使咳嗽加重。宝宝咳嗽时饮食宜清淡。

3. 忌辛辣食物。辛辣食物会刺激咽喉部，使咳嗽加重。

4. 风寒咳嗽宜吃温热性食物，如生姜、葱白等；忌吃冷饮、西瓜、梨等寒凉食物；不宜吃山楂、醋等有酸味、涩味的食物。

5. 风热咳嗽宜吃辛凉清淡的食物，如白萝卜、大白菜、梨等；忌吃葱、姜、蒜、辣椒、韭菜、桂圆等辛热食物。

 专家指导 宝宝咳嗽痰多时，妈妈可以让宝宝俯卧，头低脚高，用空心掌在宝宝上背部轻拍2~3分钟，可使积痰松动而排出。

莲藕苹果排骨汤

🥕 原料

苹果、排骨各40克，莲藕50克。

🥄 调料

葱段、姜片、醋各少许。

🍲 做法

1. 苹果洗净，去皮、去核，切小块；排骨洗净，放在沸水锅中焯去血水，捞出，切小块；莲藕洗净，刮去外皮，切小块。

2. 将排骨、莲藕入锅，加适量清水，放入葱段、姜片及醋，大火煮沸后转小火煮约30分钟；放入苹果，续煮约5分钟即可。

🍴 营养功效

此汤能清热润肺，可有效调理小儿因肺热引起的咳嗽。

芥菜粥

🥕 原料

芥菜叶、大米各60克。

🍲 做法

1. 将芥菜叶洗净，切碎；大米淘净。

2. 将大米放入锅中，加清水适量煮粥，待煮至粥熟米烂时调入芥菜叶，再煮一二沸即可。

🍴 营养功效

此粥具有宣肺化痰、温中健胃、散寒解表的功效，适用于小儿外感风寒型咳嗽。

荸荠雪梨汁

原料

荸荠50克，雪梨80克。

做法

1. 荸荠去皮，洗净，切小块；雪梨洗净，去皮、去核，切小块。

2. 将荸荠、雪梨放入锅中，加适量清水，用中火煮20分钟，凉温后放入豆浆机中，接通电源，按下"果蔬汁"启动键，搅打均匀过滤即可。

营养功效

荸荠能润喉清嗓；雪梨能润肺、祛痰止咳。二者搭配在一起打汁饮用，对咳嗽多痰的宝宝有益。

木瓜百合汁

原料

木瓜100克，鲜百合30克。

调料

冰糖适量。

做法

1. 木瓜去皮后洗净，去子，切小块；鲜百合洗净，掰开。

2. 将木瓜、百合、冰糖放入豆浆机中，加凉白开到机体水位线间，接通电源，按下"果蔬汁"键，搅打均匀后倒入杯中即可。

营养功效

此品能生津润肺，可增强宝宝上呼吸道免疫能力，起到止咳的功效。

银耳百合黑豆豆浆

✎ 原料

黑豆、水发银耳各30克，鲜百合10克。

🥄 做法

1. 黑豆用水浸泡10~12小时，洗净；银耳洗净，撕成小朵；百合洗净，分瓣。

2. 将上述食材放入豆浆机中，加水到机体水位线间，接通电源，按下"五谷豆浆"启动键，20分钟左右豆浆即可做好。

🍽 营养功效

此品具有敛肺、化痰、定喘的功效，适合2岁以上久咳不愈的宝宝饮用。

白萝卜牛肉饭

✎ 原料

米饭、牛肉各50克，白萝卜1/2根。

💧 调料

姜碎、酱油、盐各少许。

🥄 做法

1. 牛肉洗净，切碎；白萝卜洗净，去皮，切碎。

2. 锅中放少许油烧热，下姜碎煸香，放入牛肉、白萝卜、酱油翻炒片刻，加少许清水及盐焖至肉熟萝卜烂，将米饭入锅拌匀即可。

🍽 营养功效

此品对小儿风热咳嗽食疗效果较好，可起到很好的清热、化痰止咳、强体作用。

积食

积食大多是不科学的饮食造成的。应对宝宝积食，完全可以利用一些简单的食疗方法来帮助宝宝调理，从而恢复健康。

积食的原因

宝宝的消化能力比较弱，喂他们吃过多的食物就会造成积食；另外，宝宝的自控力较差，遇到喜欢吃的食物容易一次进食太多，这也是容易造成积食的一个方面。

积食的症状

不爱吃饭，容易腹胀，口中有酸腐味，舌苔又厚又白，小便短黄或清长，大便硬结、酸臭或溏薄，烦躁易哭，难以入睡或睡不安稳，爱出汗。

饮食调理方法

1. 每餐七成饱。每餐不宜让宝宝吃得过饱，七成饱即可，以免吃得过多过饱，食物在肠胃中不易消化，引起积食。晚餐尤其不能吃太饱，因为晚上宝宝活动量少，胃肠蠕动变慢，吃多了很容易积食。

2. 三餐定时定量。一定要让宝宝定时定量吃三餐，不能饥一顿饱一顿，否则会打乱胃肠道生物钟，影响消化功能，易造成积食。

3. 多菜少肉。多给宝宝吃些清淡易消化的食物，比如新鲜的蔬菜和水果，少吃肉类等高热量、高脂的食物。

4. 少吃零食。零食的热量通常都比较高，宝宝吃多了很容易发生积食。

5. 冷热食物不宜混吃。冷热食物一起吃，尤其是先吃热食后吃冷食，非常容易造成食物在胃内"打架"，引发消化不良，造成积食。

专家指导 除了食疗，按摩也是消除宝宝积食的一种简便易行的方法。父母可以用手掌根旋转按揉宝宝的中脘穴，每天按揉2次，每次按揉2～3分钟。

山楂汁

原料

山楂50克。

调料

蜂蜜适量。

做法

1. 将山楂洗净，去核，切成薄片。
2. 将山楂片放入小奶锅里，加入适量开水，盖上盖闷10分钟，至水温下降至微温时，调入蜂蜜，宝宝取汁饮用即可。

营养功效

此品能促进宝宝消化液的分泌，增进食欲，帮助消化，是消肉食积滞的上品。

红豆陈皮汤

原料

红豆80克，陈皮10克。

调料

盐少许。

做法

1. 陈皮洗净浮尘，用清水泡软，切丝；红豆淘净，用清水浸泡3~4小时。
2. 将红豆放入锅中，加适量清水，大火烧开后转小火煮30分钟，熄火；放入陈皮，盖上锅盖闷10分钟，加盐调味即可。

营养功效

此品含有芳香物质挥发油，能消食、理气开胃，对缓解宝宝积食导致的腹胀很有好处。

山药小米粥

🫛 原料

小米50克，山药30克。

🥣 做法

1. 小米淘净，浸泡10分钟；山药去皮，洗净，切小块。

2. 取锅加入适量清水，煮沸后放入小米，大火煮沸后放入山药，待再次煮沸后转小火煮30分钟左右即可。

🍴 营养功效

此粥能益脾和胃，对宝宝脾胃虚弱引起的积食有改善作用。

白萝卜粥

🥕 原料

白萝卜100克，大米50克。

🥄 调料

白糖少许。

🥣 做法

1. 白萝卜洗净，去皮，切碎；大米淘净。

2. 将白萝卜入锅，加适量清水，煮开后转小火续煮20分钟，加入大米煮至米烂汤稠，加入白糖调味即可。

🍴 营养功效

此粥有促进消化、增强食欲、加快胃肠蠕动的作用，对消除宝宝积食效果显著。

番茄鸡蛋汤

原料

番茄1个，鸡蛋1个。

调料

葱花、盐、香油各少许。

做法

1. 番茄洗净，去皮，切碎块；鸡蛋磕入碗中，打散。

2. 汤锅置火上，放入适量清水烧开，下入番茄用小火煮10分钟，淋入鸡蛋液搅拌成蛋花；加入盐调味，撒上葱花，淋上香油即可。

营养功效

此品可补充积食宝宝体内消化酶的不足，使其恢复正常的消化功能，防治积食。

洋葱炒圆白菜

原料

洋葱、圆白菜各100克。

调料

盐、醋各少许。

做法

1. 洋葱洗净，切细丝；圆白菜洗净，切细丝。

2. 锅内放油烧热，倒入洋葱和圆白菜翻炒至熟软，加入盐、醋调匀即可。

营养功效

此菜有较强的助消化、解油腻的功效，能刺激胃肠蠕动，加速排便，适合积食的宝宝食用。

腹泻

　　宝宝腹泻时除了日常护理外，爸爸妈妈还可以从饮食入手，通过饮食调理来减轻腹泻给宝宝带来的不适症状。

腹泻的原因

　　先天性乳糖不耐受，无论饮用母乳、牛乳均可导致明显的腹泻；腹部受凉、不合理的饮食同样会造成宝宝腹泻；另外，食用了不干净的食物，或吃东西前没有洗净双手，细菌或病毒进入体内后引发腹泻。

腹泻的症状

　　伤食型腹泻的症状：大便酸臭，腹胀、腹痛，食欲减退伴有口臭；风寒型腹泻的症状：大便稀薄多泡沫、臭味少、色淡，有腹鸣、腹痛，或伴有发热；湿热型腹泻的症状：大便呈蛋花汤样，伴有少许黏液，舌苔厚腻，发热；脾虚型腹泻的症状：久泻不愈，大便稀薄伴不消化食物残渣，面色萎黄，食欲差。

饮食调理方法

　　1. 饮食易于消化吸收。发病初期可给宝宝吃些米汤、藕粉、菜汁、果汁等易于消化吸收的流质食物，还有助于补充腹泻造成的水分丢失。

　　2. 少油腻少纤维。应少给宝宝食用油炸食品等油腻食物及芹菜、大白菜等富含膳食纤维的食物，这些食物会加快胃肠蠕动，使腹泻加重。

　　3. 逐渐恢复到正常饮食。宝宝病情好转后可以先吃一些半流质食物，如烂面条、面片、白米粥、蒸蛋羹等。再从半流质食物过渡到软食，再到正常饮食。

 专家指导 宝宝的皮肤娇嫩，腹泻时产生的水状大便容易刺激皮肤而发炎，宝宝腹泻后宜用温水冲洗肛门及周围，并保持小屁屁干爽，以预防发生红臀及泌尿感染。如果已经形成红臀，可涂些鞣酸软膏或鱼肝油。

石榴甜汤

🥕 原料

鲜石榴1个。

🥄 调料

冰糖少许。

🥣 做法

1. 鲜石榴去皮，取果肉。
2. 锅置火上，倒入适量清水，放入石榴肉，大火烧开后转小火煮30分钟，加冰糖煮至化开即可。

🍴 营养功效

此汤有明显的抑菌和收敛功能，能使肠黏膜收敛、分泌物减少，有效缓解宝宝腹泻。

荠菜饮

🥕 原料

荠菜60克。

🥣 做法

1. 将荠菜择洗干净，切碎。
2. 荠菜碎入锅，加水煮二沸，起锅弃渣，滤取汁液即可。

🍴 营养功效

此品适合腹胀、腹痛、大便酸臭的伤食型小儿腹泻者食用。

熟苹果泥

原料

苹果1个。

做法

1. 苹果洗净，去外皮及内核。
2. 将苹果切成薄片，放入碗内加盖，置锅中隔水蒸熟，取出后用汤匙捣成泥状即可。

营养功效

此品具有涩肠止泻、健脾生津的功效，因消化不良而引起腹泻的宝宝可适当食用。

小米胡萝卜泥

原料

小米50克，胡萝卜1根。

做法

1. 小米洗净，熬粥，取上层小米汤。
2. 胡萝卜去皮，洗净，上锅蒸熟后捣成泥。
3. 将小米汤和胡萝卜泥混合拌匀成糊状即可。

营养功效

此品含有的果胶有收敛和吸附作用，可抑制肠道蠕动，对小儿消化不良、乳食所伤引起的腹泻尤宜。

瞿桂荣每日指导 · 0～3岁宝宝营养餐

淮山莲子粥

原料

山药30克，莲子10克，红枣3颗，大米50克。

做法

1. 山药洗净，去皮，放入锅内焯水，取出切碎；莲子和大米洗净，莲子拍碎；红枣洗净，去核，切碎。

2. 将山药、莲子、红枣、大米放进锅内，加入适量清水，大火煮沸后转用小火煮至山药软烂、粥稠糜烂即可。

营养功效

此粥能健脾益胃、暖中实便，适用于受凉引发腹泻的宝宝食用。

胡萝卜鸡蛋炒饭

原料

软饭50克，鸡蛋1个，豆角、胡萝卜各20克。

调料

酱油、盐各少许。

做法

1. 豆角洗净，切成粒，焯熟；胡萝卜洗净，去皮，切细粒；鸡蛋打散，入油锅炒熟，盛出。

2. 油锅烧热，下豆角炒至变色，加入胡萝卜一起翻炒1分钟，倒入软饭、鸡蛋块炒均匀，加酱油、盐调味即可。

营养功效

此品具有补脾止泻的功效，适合脾虚泄泻日久不止的宝宝食用。

便秘

宝宝经常便秘会影响身体健康。饮食是改善宝宝便秘的重要途径，一般来说，经过饮食调理，便秘会有明显改善。

便秘的原因

没有养成定时排便的习惯，肠道功能失常，身体上火，突然受到精神刺激及环境或生活规律的改变，进食量少、爱吃肉不爱吃蔬菜等，这些都会造成宝宝便秘。

便秘的症状

排便间隔超过48小时，睡眠不安，食欲减退，腹部胀满、疼痛，大便干硬、量少、很难排出，排便时会哭闹，严重的甚至会出现脱肛或肛裂出血等症状。

饮食调理方法

1. 增加膳食纤维的摄入量。膳食纤维有促进排便的作用，应给宝宝吃些大白菜、圆白菜、菠菜、西蓝花、土豆、梨、橘子、香蕉等富含膳食纤维的蔬菜水果。吃奶的婴儿便秘时，可喝些白菜汁、橘子汁等。

2. 多喝水。宝宝喝水少，身体会尽可能从他吃喝的东西中吸收水分，也会从他的大便中"回收"水分，从而导致大便干硬，造成便秘。应让宝宝多喝水，也可以常喝些汤粥等汤汤水水的食物。

3. 适量吃些含油脂的食物。食物脂肪摄取不足，也会引起宝宝便秘。可适量给宝宝吃些核桃仁、松子仁、芝麻、黄豆等富含植物油脂的食物，以维持肠道的润滑。

4. 吃点五谷杂粮。五谷杂粮富含B族维生素，可促进肠道肌肉张力的恢复，对通便很有帮助。如燕麦、红薯、玉米等五谷杂粮可常给宝宝吃一些。

专家指导 宝宝严重便秘时，可取适量香油涂在宝宝的肛门口，垫上软纸，轻轻推按肛门，可以起到软化大便并增强便意的作用。

营养功效

此品富含的膳食纤维能防止大便干燥，促进排便，有助于改善宝宝便秘。

什蔬炒饭

原料

米饭60克，芹菜、鲜香菇、胡萝卜、小油菜、火腿各10克。

调料

香油少许。

做法

1. 芹菜、香菇、小油菜均洗净，切碎；胡萝卜洗净，去皮，切碎；火腿切碎。
2. 油锅烧热，依次放入香菇碎、火腿碎及其他蔬菜，加入少许水，翻炒至熟，倒入米饭，滴香油翻炒均匀即可。

营养功效

此汤富含的膳食纤维能吸收和保留水分，起到缓解便秘的作用。

香菜土豆汤

原料

土豆150克，香菜10克。

调料

葱末、盐、酱油各少许。

做法

1. 土豆去皮，洗净，切小条；香菜洗净，切段。
2. 锅置火上，倒油烧热，炒香葱末，放入土豆翻炒均匀，加适量清水和酱油，小火煮至土豆面熟，加盐调味，撒上香菜段即可。

番茄炒双花

🥄 原料

番茄1/2个，菜花、西蓝花各30克。

🥄 调料

番茄酱、葱花、盐各少许。

🥄 做法

1. 菜花、西蓝花用淡盐水浸泡20分钟，洗净，掰成小朵，焯水；番茄洗净，去皮，切碎。

2. 油锅烧热，葱花炝锅，放入番茄酱炒片刻，加入少许清水烧开，下入菜花、西蓝花、番茄翻炒，待汤汁收稠即可。

🍴 营养功效

此品能加速胃肠蠕动，清宿便，缓解宝宝便秘。

核桃松仁小米羹

🥄 原料

核桃仁20克，松仁10克，小米50克。

🥄 调料

冰糖少许。

🥄 做法

1. 核桃仁、松仁洗净，过油炸熟后碾碎。

2. 锅中加适量水，加入小米、冰糖，小火煮至熟，撒上核桃仁、松仁即可。

🍴 营养功效

核桃仁和松仁均富含油脂，可起到润肠通便的作用，适合肠燥便秘的宝宝食用。

红薯粥

🥕 原料

红薯60克，大米50克。

🥣 做法

1. 大米淘净，浸泡2小时；红薯洗净，去皮，切碎。

2. 红薯与大米下锅，加适量清水煮至红薯和大米熟烂黏稠即可。

🍴 营养功效

此粥能促进胃肠运动，使排便更加轻松，有助于宝宝摆脱便秘的困扰。

芹菜白菜汁

🥕 原料

芹菜、白菜各80克。

🫕 调料

蜂蜜适量。

🥣 做法

1. 芹菜、白菜洗净，切碎。

2. 将芹菜、白菜放入锅内，加适量清水，烧开后关火闷10分钟。

3. 将芹菜、白菜连锅里的菜水一起放入豆浆机中，接通电源，按下"果蔬汁"启动键，搅打均匀，过滤后调入蜂蜜即可。

🍴 营养功效

此品能润燥清热，适用于发热、中暑等热病津伤所引发便秘的宝宝饮用。

口疮

宝宝长口疮，并且反复发作，大多数与体内缺乏一些营养素有关。想让宝宝远离口疮，最重要的是在平日注意饮食调理。

长口疮的原因

宝宝缺乏维生素C、B族维生素、锌等营养素，就容易长口疮；烫伤、刺伤、误食有腐蚀性的食物，会使口腔黏膜受伤，继而引发口疮；身体上火、免疫力降低、药物过敏也会使宝宝长口疮。

长口疮的症状

口疮会出现在宝宝口腔黏膜上，其创面呈圆形或椭圆形，大小、数目不等，散在分布，边缘整齐，周围充血呈红晕状，可有自发性疼痛或因食物刺激后产生疼痛。宝宝还会伴有流口水、拒食、口臭的症状。

饮食调理方法

1. 饮食细软、易消化。宜给宝宝吃些稀粥、新鲜果汁（不宜过酸）、蔬菜汁等细软、易消化的食物，少吃太过粗糙坚硬的食物，以减少对口疮创面的刺激。

2. 多吃新鲜蔬果。新鲜的蔬菜和水果富含维生素B_2、维生素C等营养素，对加速口疮创面的愈合非常有好处。

3. 不吃过烫的食物。太烫的食物会诱发口疮疼痛，还会使创面扩大。

4. 忌酸、辣、咸。不要给宝宝食用酸、辣或咸的食物，以免加重口疮创面的疼痛感。

5. 均衡饮食。要让宝宝养成不挑食、不偏食的好习惯，饮食上做到荤素搭配、粗细搭配，以获取均衡的营养，有助于防止口疮的反复发作。

 专家指导　如果宝宝的口疮迁延不愈，可以将1~2片维生素C片压碎后撒在口疮创面上，然后让宝宝闭口片刻，每天2次。一般3~4次就可痊愈。

二豆汤

🥄 原料

红豆、绿豆各30克。

🥢 做法

1. 红豆、绿豆分别淘洗干净，用清水浸泡12小时。

2. 将红豆、绿豆放入砂锅，加入适量清水，开大火煮沸后转小火煮至豆烂即可。

3. 取汤服用，喝完再加水煮，可随煮随饮。

🍽 营养功效

此汤可清心降火，可用于辅治心火过旺引发的口疮。

金银花菊花饮

🥄 原料

菊花5克，金银花3克。

🥄 调料

冰糖适量。

🥢 做法

1. 菊花、金银花洗净浮尘。

2. 锅置火上，倒入适量清水，大火烧开，放入菊花和金银花，再次烧开后转小火煮5分钟，加冰糖煮至化开即可。

🍽 营养功效

此品具有清热去火、解毒疗疮的功效，适合过量食用易上火食物而引发口疮的宝宝饮用。

黄豆芽肉丝汤

🥄 原料

黄豆芽100克，猪瘦肉60克。

🍶 调料

盐少许。

🥢 做法

1. 黄豆芽择洗干净；猪瘦肉洗净，切丝。

2. 锅置火上，倒入油烧热，放肉丝翻炒至颜色变白，加适量清水大火烧开，转小火煮10分钟，下入黄豆芽煮至熟，加盐调味即可。

🍴 营养功效

此品富含维生素B$_2$，有消除口腔炎症的作用，有利于宝宝口疮的痊愈。

西瓜皮蛋花汤

🥄 原料

西瓜皮100克，鸡蛋1个，虾皮10克。

🍶 调料

葱花、盐各少许。

🥢 做法

1. 西瓜皮留翠衣，洗净，切小片；鸡蛋打散；虾皮洗净。

2. 锅置火上，倒油烧热，炒香葱花，下入西瓜皮翻炒均匀，淋入适量清水，大火烧开后放入虾皮，转小火煮15分钟，淋入鸡蛋液搅成蛋花，加盐调味即可。

🍴 营养功效

此汤含有较多的B族维生素和其他微量元素，能够有效预防和治疗小儿口疮。

银耳羹

🥄 原料

银耳10克。

🍯 调料

蜂蜜少许。

🍚 做法

1. 银耳泡发，撕成碎朵，加适量清水煎汤。
2. 汤羹放温后调入蜂蜜即可。

🍴 营养功效

银耳能滋阴生津、润肺养胃；蜂蜜能滋阴润燥。二者搭配烹调，有利于口腔黏膜上皮细胞的修复，可促进宝宝口疮创面的愈合。

莲藕雪梨汁

🥄 原料

莲藕100克，雪梨150克。

🍚 做法

1. 莲藕洗净，去皮，切小段；雪梨洗净，去皮和核，切小块。
2. 将莲藕段、雪梨块放入豆浆机中，加凉白开到机体水位线间，接通电源，按下"果蔬汁"启动键，搅打均匀后倒入杯中即可。

🍴 营养功效

本品能生津润燥、润肺养阴、清热去火，适合长口疮的宝宝饮用。

汤汁类
营养餐速查表

泥糊类
营养餐速查表

粥羹类
营养餐速查表

热菜类
营养餐速查表

凉菜类
营养餐速查表

其他
类营养餐速查表

主食类
营养餐速查表